Small Quanta,
Big Universe
A History of
Quantum
Physics

小量子，大宇宙

量子物理史话

杨丹 著

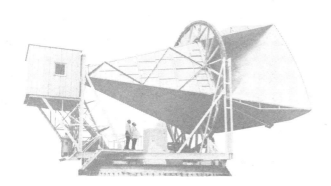

中国经济出版社
CHINA ECONOMIC PUBLISHING HOUSE

·北京·

图书在版编目（CIP）数据

小量子，大宇宙：量子物理史话 / 杨丹著. —— 北
京：中国经济出版社，2023.7
ISBN 978 - 7 - 5136 - 7333 - 4

Ⅰ.①小⋯ Ⅱ.①杨⋯ Ⅲ.①量子论－物理学史
Ⅳ.① O413-09

中国国家版本馆 CIP 数据核字（2023）第 093547 号

责任编辑　张　博
责任印制　马小宾
封面设计　任燕飞装帧设计工作室

出版发行　中国经济出版社
印　刷　者　北京富泰印刷有限责任公司
经　销　者　各地新华书店
开　　　本　880mm×1230mm　1/32
印　　　张　6.5
字　　　数　133 千字
版　　　次　2023 年 7 月第 1 版
印　　　次　2023 年 7 月第 1 次
定　　　价　58.00 元

广告经营许可证　京西工商广字第 8179 号

中国经济出版社　网址 www.economyph.com 社址 北京市东城区安定门外大街 58 号 邮编 100011
本版图书如存在印装质量问题，请与本社销售中心联系调换（联系电话：010-57512564）

序

公元 2022 年 10 月 4 日，诺贝尔奖委员会宣布将 2022 年物理学奖颁给法国物理学家阿兰·阿斯佩，以表彰其"用纠缠光子验证了量子不遵循贝尔不等式，开创了量子信息学"。同时获奖的还有美国物理学家约翰·弗朗西斯·克劳泽和奥地利物理学家安东·蔡林格，这两人也都是量子纠缠态研究领域的领军人物。约翰·弗朗西斯·克劳泽是观测到量子纠缠态的第一人，而安东·蔡林格则是基于量子纠缠态的量子信息应用领域的先驱者。中国"量子之父"潘建伟即师出安东·蔡林格。

公元 2022 年在物理学界堪称量子纠缠态年，也让快过百岁生日的"哥本哈根诠释"再次走进大众的视野。量子纠缠态、量子叠加态、概率波等首创于"哥本哈根诠释"的概念频频见诸各类媒体，并被贴上鬼魅诡异、颠覆人类认知等夸张的标签；超光速、平行宇宙、过去由未来决定、薛定谔的猫等超现实的量子"奇迹"，更是被人们津津乐道。"物理学终点是玄学""量子就是灵魂"等迷信噪声也不可避免地卷土重来。

"哥本哈根诠释"实际上都说了些什么？

量子纠缠态、叠加态到底是怎么一回事？

"哥本哈根诠释"背后的量子力学、量子场论和"哥本哈根诠释"之间的关系又是什么？

本书将拨开长期以来笼罩在量子纠缠态、叠加态和"哥本哈根诠释"身上的被添油加醋以讹传讹的迷雾，还其以本来面目。本书以量子力学史上著名的历史事件——玻尔和爱因斯坦的 EPR 悖论之争、薛定谔的猫等为切入点，围绕量子力学史上的著名实验如电子衍射实验，以及大名鼎鼎的"未来改变过去"的量子延迟选择实验等，对量子纠缠态、叠加态和"哥本哈根诠释"进行了详细又深入浅出的说明，以澄清围绕这些事件和实验的误解和谣言。

在此基础上，本书还跟随量子力学理论发展的时间脉络，全面系统地介绍了"哥本哈根诠释"背后的量子力学的主流理论 QED、量子弱电动力学、量子色动力学和弦论，揭示出量子力学就是当年古希腊人"原子"论的再造，量子就是古希腊人的最小物质单元"原子"，量子的不确定性和波粒二象性的实质都源于物质另一面能量的不稳定性，而量子场就是麦克斯韦电磁场（能量场）的量子化。同时，对过于抽象的量子力学术语比如量子自旋、规范对称性、夸克的"六味三色"进行了图解和类比，以方便理解。

如果有深受量子力学魅力吸引，却深陷围绕量子力学的讹传和谣言而茫然失措的朋友，能够从本书中获得继续前进的动力，本书也就有了存在的意义。最后我要感谢家人无私地支持，尤其我的母亲，替我打理了生活中的许多琐事，让我有时间和精力去完成本书的创作。

目　录

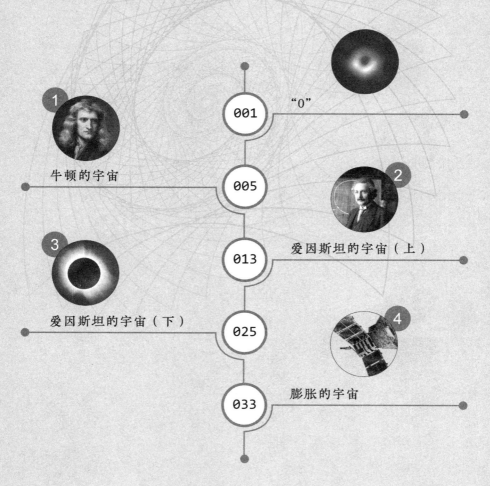

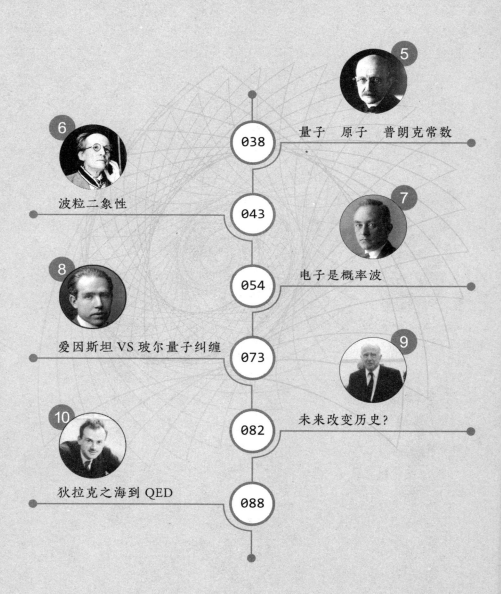

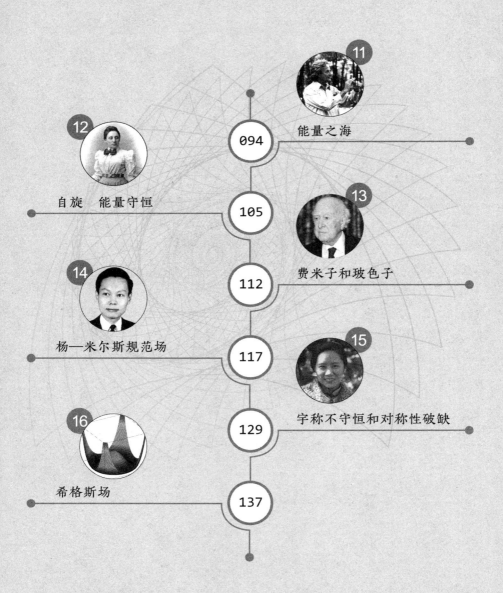

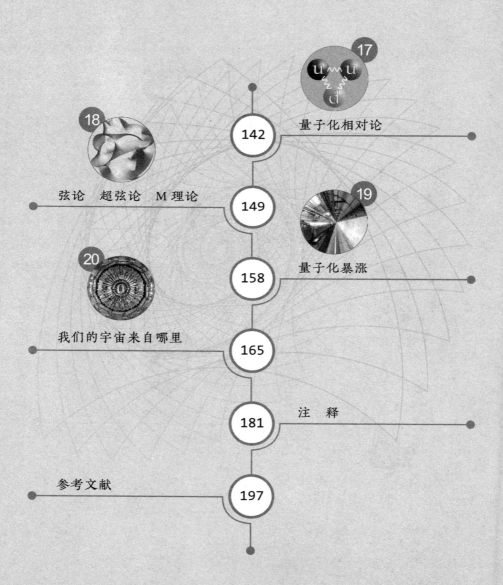

"0"

公元 2018 年很可能是量子力学又一个新纪元的起点。这一年的夏天,一篇关于时空维度的"平平无奇"的论文悄然登载上了科学期刊《自然》。

这篇论文题为《由 GW170817 所知时空维度的限制》,由直接探测到引力波的美国激光干涉仪引力波天文台(LIGO)和意大利的 Virgo(处女座)引力波探测器共同完成。Virgo 负责测算 GW170817 双中子星与地球间的距离,LIGO 负责检测 GW170817 双中子星合并产生的引力

在巨大椭圆星系 M87 核心的超大质量黑洞质量大约是太阳的 70 亿倍（© 维基 / 公版）

波抵达地球时的衰减速率。探测结果表明,引力波的衰减速率完全符合牛顿的引力方程式 $F = GMm/R^2$,即引力大小与距离的平方成反比,意味着我们的宇宙空间只有三维,没有额外的

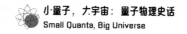

高维空间或多余的宇宙。这个结果还真是平平无奇，牛顿引力方程式、三维空间，是今天连小学生都知道的物理常识。

这篇论文也颇有些"生不逢时"。公元 2017 年，LIGO 探测到来自编号 GW170817 的双中子星合并的引力波，这是人类第一次直接探测到引力波。公元 2019 年，经过遍布全球的 8 个毫米 / 亚毫米波射电望远镜组成的事件视界望远镜（EHT）持续两年的不间断观测，人类史上第一张黑洞照片得以问世。前有引力波，后有黑洞照片，让这篇本就"平平无奇"的论文更加乏人问津。

但这份平静的背后却是"黑云压城，暗流涌动"，将来人们在回顾这段历史时，一定会后知后觉地感叹"一场足以碾碎整个物理学界的风暴已在酝酿之中"。

广义相对论和量子力学是当代理论物理的两大基石。广义相对论在宏观大尺度上探索宇宙时空的奥秘，量子理论则致力于在亚原子尺度上解开构成宇宙万物的基本粒子的神秘面纱。广义相对论和量子力学在各自领域独领风骚，但两个理论放在一起却是一场灾难，所有试图将两个理论的方程式融合的尝试都归于失败，而这个"罪魁"就是引力。

将广义相对论和量子力学融合的关键是要将四个基本力（电磁力、弱力、强力和引力）统一到一个基本力的框架下。通俗地说，就是将四个基本力的场方程统统塞进一个更基础的场方程式里。实际上，今天的理论物理学家们几乎做到了，量子色动学已经将电磁力、弱力和强力基本统一起来，唯独一直对引力束手无策。毕竟电磁力、弱力和强力的场方程都"师出"量子力学，而描述引力的场方程则源于广义相对论。但真正的困难还不在于此，而是引力的强度太弱了，弱得有些"不像话"。强力强度是电磁力的 100 倍，电磁力强度又是弱力的 1000 倍，而引力强度仅为强力的 $1/10^{37}$，电磁力的 $1/10^{35}$，弱力的约 $1/10^{32}$，较之其他三个基本力几乎可以忽略不计。换句话说，量子色动力学根本不用考虑引力的存在。

但追寻宇宙的起源又不能忽略引力。今天主流的宇宙起源理论、宇宙暴涨模型认为，我们生活的宇宙诞生自一个极度高温高压的奇点，时空、物质、能量和四个基本力都是在奇点暴涨爆炸后才出现的。换句话说，宇宙暴涨模型认为四个基本力在宇宙起源阶段就是统一的。而一旦在量子色动力学场方程中强行塞入描述引力的广义相对论方程式，结果就是冒出一堆无限大，方程根本无法展开运算求解。

公元 20 世纪最后三十年，一个独立于量子色动力学的全新的量子力学理论崛起，这就是认为基本粒子是一维能量弦的弦论。弦论研究者发现引入适当数目的额外维度，引力强度太过弱小的矛盾就能"合理"化解。

牛顿的引力方程式以三维的空间为基石，三维空间内引力大小与距离的平方成反比。假设空间维度有第四维，引力大小则与距离的三次方成反比；假设空间维度有第五维，引力大小则与距离的四次方成反比；依此类推，额外维度越多，引力变小得越快，即引力波衰减速率越快。引力的强度被更高维的空间或平行宇宙给"稀释"了，以至在我们的宇宙中强度如此弱小。

于是，弦论的改进版本超弦和 M 理论成为统一四个基本力的最后希望。理论物理学家寄希望于超弦和 M 理论能帮忙

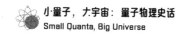

消除引力在量子色动力学场方程中引起的无限大。超弦和 M 理论甚至一度被视为解开宇宙全部奥秘的钥匙，甚至是万有理论的候选。

结果《由 GW170817 所知时空维度的限制》一文直接否定了高维空间的存在，KO① 了超弦和 M 理论，但支持多出的维度蜷缩在三维空间内的经典弦论一息尚存。这就迫使今天的物理学界不得不考虑接受一个可能让很多理论物理学家难以接受的事实，就是**现代物理学对基本力的认知很可能一开始就存在重大缺陷，现有的宇宙起源理论需要推倒重来！量子力学假设的所谓统一的基本力根本不存在！引力的强度就是这么的弱小！引力和其他三个基本力（电磁力、弱力、强力）有着本质的不同！**

引力强度本来就很弱小这一可能性，给今天物理学界带来的冲击不亚于一百多年前光速不变带给彼时物理学界的冲击。弦论则沦为当年的"以太"。最终光速不变带来了相对论，使得以牛顿力学为基石的经典理论大厦轰然倒塌，废墟之上全新的物理学大厦挟狭义相对论和广义相对论之威拔地而起。今天强度弱小的引力又会给量子力学带来什么新的理论，又会将物理学的未来引向何处？要厘清这个问题，需要先回归原点，重温人类追寻宇宙起源的历程，审视现代物理学的初衷（注释 0）。

---

① KO，拳击运动术语 knockout 的缩写，意为击倒。

第1章

牛顿的宇宙

我是谁？来自哪里？去往哪里？

这是哲学家思考人生的三个终极问题。实际上，现代物理学也有三个终极问题需要回答，那就是我们生活的宇宙来自哪儿？是什么？有什么？具体而言，宇宙是怎么起源的？宇宙及万物由什么构成？支配宇宙万物按部就班运作的原理是什么？

在宗教神学时代，第一个问题不难回答，宇宙是神创造的！

至于第二个问题，宇宙万物由什么构成，有点复杂，古代世界各地的人们对此也有不同的看法。古希腊人认为宇宙万物是由微小的原子构成。古印度人认为是不可见的"梵天"，肉眼可见的都是幻象。中国神话里没有这方面的具体记载，只道天地来自盘古的血肉，而人类则是女娲用泥巴幻化而来。

而第三个问题，支配宇宙万物按部就班运作的原理是什么？就不是个问题！神的世界，我们凡人的智慧肯定无法领会其奥秘，不明觉厉就行，多想无益。

所以，人们会对太阳的运行轨迹进行观察和记录，总结出规律，以供农耕之需，却没有人去思考为什么太阳会这样运行。人们也会观察记录苹果树什么时候开花结果，何时落地，好及时采捡，但不会有人去想苹果落地的原理是什么。当时的人们认为这一切是天经地义，天地造化使然。

万一宇宙不再按部就班运行怎么办？第二天宇宙就毁灭了怎么办？既然一切都是神创造的，那只能祈求神明来保佑风调雨顺，这对于古人而言也是逻辑自洽的。

开始关注第三个问题的是近代的西方科学家。这些科学家开始质疑之前认为理所当然的事情，比如为什么太阳每天升起又落下，而不飞离地球消失无踪？为什么苹果会落到地上而不是飞上天空？为什么一觉醒来会是明天而不是昨天？为什么发生过的事情无法重来？打碎的镜子为什么不能复原？为什么鸡蛋可以孵出小鸡，而小鸡却不会再变回鸡蛋？为什么人吃饱了会撑？提出这些问题，绝对不是吃饱了撑的。

简单的"为什么"三个字，却是推动人类科学思想诞生的原动力。苹果落地的背后是万有引力的存在，而发生过的事情无法重来这一理所当然的事实背后竟然隐藏着狭义相对论。

公元 1687 年，《自然哲

46 岁时的牛顿，英国宫廷画师
克内勒爵士于 1689 年绘制
（© 维基 / 公版）

学的数学原理》横空出世，标志着现代物理学正式登上人类历史舞台。

　　《自然哲学的数学原理》的作者是英国人艾萨克·牛顿，公元 17 世纪最伟大的科学家，也是公认的现代物理学的创始人。虽然牛顿是虔诚的基督徒，但他同时认为我们凡人的智商足够理解和学习这个由上帝创造的世界的运作原理。《自然哲学的数学原理》就是牛顿对他所知的世界运作原理的描述和论证。正如牛顿所说的，自己是"站在巨人的肩上"，《自然哲学的数学原理》也是彼时西方科学前沿研究的集大成者。

　　牛顿之前的意大利科学家、发明家伽利略，发现物体皆有固有的属性"惯性"，即空间内的物体不受力时保持静止（匀速直线运动），物体只有受到外力时才会（加速）运动。伽利略对惯性运动的数学（几何）描述即是如雷贯耳的惯性参考系。而惯性参考系正是牛顿《自然哲学的数学原理》的两大数学基石之一，另一个基石是牛顿自己发明的代数微积分。

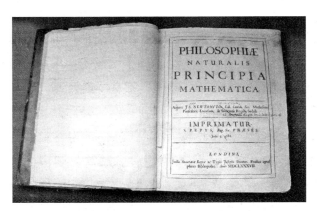

艾萨克·牛顿爵士自己的《自然哲学的数学原理》第一版，
其上有他为再版所作的更正手迹。（© 维基 / 公版）

牛顿对引力的洞察也是受到伽利略思想的启发。伽利略对"惯性"的定义是空间内的物体不受外力时保持静止或匀速直线运动。实际上地球并没有静止不动或以直线匀速离太阳而去，相反，地球一直围绕太阳公转；伽利略自制的望远镜也观察到了木星的卫星围绕木星公转的现象。显然地球受到了来自太阳的外力，才会绕着太阳公转，就像木星卫星围绕木星公转那般。对这个神秘外力的探究最终引导牛顿总结出了引力方程 $F = GMm/R^2$，并发现了物理学最重要的常数之一重力 G，第一次科学系统地揭示了我们生活的宇宙是如何运转的。

在《自然哲学的数学原理》中牛顿告诉我们，我们生活的宇宙由两个独立存在互不干涉的部分——空间和时间——构成。空间本身静止不动，有长、宽、高三个维度，虽看不见、摸不着，透明虚无，但却是绝对存在的物理实体。宇宙万物（地球表面的人类、动物和其他物体如轮船、火车及地球、星星、太阳等所有物体）都在这个静止的空间里活动，空间就像一座透明的大房子。

空间中所有物体，大到星球、小到肉眼不可见的微粒，比如传播光的光子皆由更小的、更微不可察的、不可再分的"原子"构成。所有物体包括"原子"都有质量。

所谓物体质量的定义是"受到一定的外力作用时物体维持原来运动状态不变的一个物理量"。通俗地说，就是推动质量大的物体运动比推动质量小的物体运动需要更多的力。所有的物体天生皆有固有的属性"惯性"，即空间内的物体不受力时保持静止（匀速直线运动），物体只有受到外力施加时才会（加速）运动。力的基本定义则是"促使物体改变运动状态或形变的根本原因"。

无论静止（匀速直线运动）还是加速运动，都是相对绝对存在的静止的空间而言，因此物体的运动速度和方向都是相对的。

物体不会与空间本身发生任何相互作用，但物体彼此间有引力相互作用，因为有质量就会产生引力。引力的大小与物体的质量大小成正比，与物体间距离的平方成反比。物体在地球受到的引力为 G，即俗称的重力。

包括引力在内的所有力都是相互作用力。对一个物体施加力就会受到反作用力，一个物体受到另一个物体引力作用的同时，也会对其产生引力作用。所有相互作用力都是超距和定域性的。所谓超距作用，可以理解为物体间力的传递速度是无限大的，因此力的作用是瞬时发生的，两个物体无论间隔多远，引力都能瞬间作用于两个物体。也是因为光的传播速度无限大，我们人类才能抬头就看到地球之外遥远的宇宙天体。而所谓定域性，也就是说力必须接触到物体才起作用，不存在隔山打牛的情况，我们能看见物体也是因为光子进入了我们的眼睛。

空间维度之外是独自存在的时间维度。

时间是一维的，但时间维度不同于空间长宽高三维的任何一维，时间维度就是时间本身。时间维度同样看不见摸不着，但我们能感受到时间的流逝。时间就像一条匀速流动的透明天河，正静静地无声无息地载着透明的大房子（空间）匀速地流淌。因此，整个宇宙有且仅有一个匀速流淌的标准时间，不存在今天时间走得快一点，明天时间会走得慢一点，又或宇宙间万物谁的时间走得更快一点，谁的时间走得更慢一点。

牛顿的宇宙在当时来看，堪称对现实世界的完美诠释，因为与我们日常生活的所见所闻基本一致。地球上的物体都被地球引力所吸引，所以苹果会落在地上，人在地面行走，而不会统统飞上天去。同时，地球上的物体也会对地球产生引力，只是较之地球引力都太过微弱，完全可以忽略不计。

地球周围的天体如月球，同样被地球引力所吸引，围绕地球转圈。我们的地球也受到月球引力影响，海洋就因为月球引力而潮涨潮落。此外，一切其他天体也相互被引力所吸引，地球和月亮被太阳的引力吸引，绕着太阳转圈。在地球上的人看上去，太阳每日升起又落下，不会消失无踪。

月球和地球、地球和太阳虽然相隔甚远，但引力无时无刻不在，引力作用似乎的确是瞬时发生的，引力传递速度自然也是无限大的。我们白天抬头就能看见太阳，夜晚抬头就能看见月球或漫天繁星，看见似乎也是瞬时发生的，光速自然也是无限大的。

我们日常生活中要搬运一个箱子，必须有人或机械接触到箱子表面并给箱子施力才能把箱子搬到别的地方。箱子在地面不会自己动起来，搬动质量大的箱子比搬动质量小的箱子更费力。

我们判断一个物体或一个人是运动还是静止的，实际上要根据其在空间的位置有没有发生变换。即使在没有任何人造参照物的旷野草原，双眼所及之处都是碧蓝无云的天际线，我们也能轻易区别出物体是静止的还是运动的。我们说一个人静止不动或一辆汽车静止不动，实际在说这个人或这辆车没有发生空间位移，相对于空间的速度为 0。同理，我们提到时速400 千米的高铁，实际是在说这辆高铁相对于静止空间的速度为 400 千米 / 时。日常我们只是省去了"相对于静止空间"这个不言自明的前提条件。一如我们常说的"红花绿叶"，省去了不言自明的前提条件"用人类的眼睛观察"。完整表述应该是"在我们人类眼睛可视的光波频率内，这朵花呈现红色，叶子呈现绿色"。不仅如此，从高铁的视角出发，高铁上的人也可以认为高铁是静止的，是车外的空间正以 400 千米的时速运动，只是空间运动方向正好与高铁运动方向相反。换句话说，我们日常提到的物体运动方向的"来"与"往"也是相对而言。

　　高铁 400 千米的时速指高铁相对于静止的空间而言，那么相对于以时速 200 千米同向运动的物体比如一辆飞驰的跑车，高铁的时速自然就相对降为 200 千米。道理很简单，此时高铁不再以静止的空间为参照物，而是以 200 千米 / 时飞驰的跑车为参照物，高铁相对跑车的速度只有 200 千米 / 时。如果此时跑车装上火箭助推器，速度也飙到 400 千米 / 时，这样跑车和高铁相对速度为 0，跑车和高铁上的人会发现彼此处于相对静止的状态。

　　地球上每一天的时间流速是相同的，不存在今天的一秒比昨天的一秒快一点或慢一点。地球上每个角落的时间流速也是相同的，在英国买的手表，到了中国仍然一秒是一秒，一分钟是一分钟，时间流速不会因为地域不同而突然加速或减速。

　　由于牛顿的宇宙在数学上以"惯性参考系"为基石，但凡冠有"惯性参考系"名号的物理研究，就是指以牛顿的空间和时间独立存在、空间静止不动、时间匀速流逝、空间万物皆有质量、力的传递速度和光速皆无限大、不受力的物体保持相对

静止或匀速直线运动状态、所有运动皆相对静止的绝对存在的空间而言的宇宙为初始条件来开展物理现象研究。

但牛顿的宇宙也有明显缺失。牛顿告诉我们宇宙由空间和时间构成，却没有进一步指出空间和时间又是由什么构成。而是讨巧地用"我不定义时间和空间，因为这众所周知"回避了这个问题。而且牛顿也没有解释清楚为什么一觉醒来会是明天而不是昨天，发生过的事情无法重来。

当然，牛顿宇宙最大的短板是引力方程可以算出引力大小，却无法解释引力本质是什么。物体不受力时保持静止或做匀速直线运动，一如刚才提到的箱子，没有人或机械接触到箱子并给箱子施力，箱子自己不会动。那么地球显然是在太阳引力作用下朝着太阳做加速运动。地球沿椭圆轨道围绕太阳公转，远离太阳时公转速度减慢，靠近太阳时公转速度加快。根据定域性原则，表面并没有直接接触的太阳和地球之间的引力是如何产生的，物体之间产生引力的原理是什么，以及引力是如何作用于物体的，对此牛顿自己也不知道，他半开玩笑地说引力出自上帝之手，戏称为"第一推动力"，似乎以此作为上帝存在的科学证据。直到二百多年后，爱因斯坦提出相对论，引力问题才有了答案。

第②章

爱因斯坦的宇宙（上）

阿尔伯特·爱因斯坦，这位出生于德国的 20 世纪最伟大的科学家为我们先后贡献了狭义相对论和广义相对论两个伟大的物理理论，让我们对宇宙的认识发生了翻天覆地的变化。

但在讲述相对论之前，有必要先说说另一位科学巨匠，牛顿之后英国最伟大的科学家，主要研究电磁现象的詹姆斯·克拉克·麦克斯韦。

1921 年在维也纳第一次演讲的爱因斯坦
（© 维基 / 公版）

公元 1865 年，麦克斯韦在其著作《论电与磁》中首次给出了完整描述电磁场物理规律的微分方程式，即著名的韦方程组。麦克斯韦方程组不仅从理论上验证了电磁学前辈、法国人法拉第发现的电磁感应定律，即磁场变化（旋转）会产生电流，还发现电场发生变化（位移）也会产生磁场，让静电力和磁力统一为电磁力（注释 1）。电磁力遵循类似牛顿引力定理的库仑定理，公元 1785 年法国物理学家查尔斯·库仑通过扭秤实验验证静电力大小与两个点电荷之间的距离平方成反比。

詹姆斯·克拉克·麦克斯韦
（© 维基 / 公版）

同时，麦克斯韦方程组预言了变化的电磁场会在空间产生电磁波，电磁力就是电磁波传递出去的，并揭示出可见光只是电磁波众多频率中的一段而已。如果觉得电磁波概念陌生，可以把其理解为可见光和不可见光的集合，人类肉眼可见光波段之外是频率能量低于可见光的红外线波段和频率能量高于可见光的紫外线波段。我们熟知的无线电波、微波等皆属于红外线波段，伽马等高能射线属于紫外线波段。因为人类最早发现和研究的电磁波仅限可见光波段，而且可见光和不可见光基础物理性质相同，区别仅是频率不同。

今天的物理学家仍然习惯用光子和光波指代电磁波（可见光和不可见光的集合），这一点一定要留意。比如今天习惯说电磁力由光子传递，这个光子代指的是电磁波，而不仅是可见光。又如今天物理学教材里关于正反物质反应的描述是一个电子与其反物质正电子相撞时会湮灭化为一个光子，这里的光子是肉

眼不可见的伽马射线。

电磁波充斥着整个宇宙空间，我们实际是生活在电磁波海洋中的鱼。只是受到身体感官的限制，我们人类看不到可见光波段之外的电磁波而已。

麦克斯韦方程组还计算出电磁波在宇宙空间中（真空中）的传播速度上限，也就是光速约 30 万千米 / 秒（注释 2）。这意味着牛顿关于光速无限大的观点是不准确的，"看见"并不是瞬时发生。

同时，麦克斯韦的电磁波波动理论支持了荷兰物理学家惠更斯关于光是波的假设，与牛顿光微粒理论不相容。但麦克斯韦电磁波理论仅支持光是波，与彼时主流的物质微粒说，认为宇宙中的物质皆由肉眼不可见的不可再分的微粒构成的原子论并不冲突。

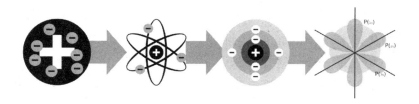

20 世纪上半叶原子模型的演进，自左至右依次是：梅子布丁模型，卢瑟福模型，玻尔模型，电子云模型（© 维基 / 公版）

公元 1887 年的迈克尔逊—莫雷实验对可见光进行了测速，不仅验证了麦克斯韦方程组关于光速即电磁波在真空中传播速度高达约 30 万千米 / 秒的预言，还得出了光速不变的测试结果。一石激起千层浪。光速大小，光到底是粒子还是波的争议还只波及光学领域，而光速不变则与整个惯性参考系不相容，

牛顿的宇宙顿时岌岌可危。

光速不变宣称光速无论相对于静止的空间，还是空间中运动的物体，也无论这个运动物体速度多快，光速都是约 30 万千米 / 秒。光速是不依赖参考系存在的绝对速度，而且光处于绝对运动状态，不会停下来。

前文介绍过，牛顿宇宙，或者说惯性参考系下物体静止状态才是绝对的，而物体运动速度是相对的。时速 400 千米的高铁指高铁相对于静止空间的速度为 400 千米 / 时。如果相对于正以时速 200 千米同向运动的物体，比如一辆飞驰的跑车，高铁的时速就降为 200 千米。如果跑车速度能飙到 400 千米 / 时，这样跑车和高铁彼此处于相对静止状态，这不正是现实中发生的事实吗？无须科学家，这是两个司机就能验证的事实。而光速不变等于在说无论相对于静止空间，还是相对于时速 400 千米的高铁，又或时速 200 千米的跑车，光速都是约 30 万千米 / 秒，不会有任何变化。多数人第一反应一定是"一派胡言，这怎么可能发生？"

但光速不变也是通过实验验证的客观事实。显然是物理理论自身出了什么问题，才会让两个客观事实在理论层面上产生冲突。这急坏了当时的物理学家，甚至搞出了"以太"来试图解释。虽然"以太"名噪一时，但实则自欺欺人。"以太"理论大意是说，以太是充满整个空间且静止不动的、神秘透明的光的传播介质，光在以太介质中的传播速度正是光速，约 30 万千米 / 秒，除光之外的其他物体都不与以太发生任何作用。通俗地说，宇宙万物无论是静止还是运动的，相对于以太速度都为 0。因此相对于任何运动物体，以太介质中传播的光速能够保持不变。这绕口般的解释看上去就让"以太"理论不靠谱。

实际也的确不靠谱。"以太"理论等于在惯性参考系的绝对空间之外，又给光单独搞了个以太参考系，这不还是在说光速不变与惯性参考系不相容吗？又何必多此一举。更何况科学家也没有在空间中发现以太。

最后还是丹麦物理学家卢兹维·瓦伦汀·洛伦兹给出了一个解决方案。洛伦兹决定暂不去探究光速不变与惯性参考系不相容的原因，而在光速不变前提下去求解惯性参考系下的方程式。洛伦兹发现只要将空间大小和时间流速视为矢量，方程式仍然会得出有意义的正解，这就是著名的洛伦兹变换。通俗地说，随着物体运动速度加快，该物体的时间会走得越来越慢，该物体的大小也会略微收缩。

洛伦兹变换诞生于公元 1895 年，十年后的公元 1905 年，受到洛伦兹思想启发的爱因斯坦发表了论文《运动物体的电动力学》，这标志着狭义相对论的登场！下面是狭义相对论的方程式（组）：

$$E=mc^2$$

$$\Delta v = \frac{v_1 - v_2}{\sqrt{1 - \dfrac{v_1 v_2}{c^2}}}$$

$$M = \frac{M_0}{\sqrt{1 - \dfrac{v^2}{c^2}}}$$

$$L=L_0 \sqrt{(1-v^2/c^2)}$$

$$t=t_0 \sqrt{1-\frac{v^2}{c^2}}$$

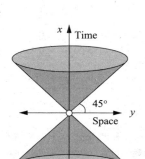

除第一个质能方程式之外，其他方程式看上去都有点复杂。不过狭义相对论方程式的几何图像，时空为坐标的光锥图大家应该都不陌生。x 轴代表空间的三个维度，y 轴代表时间维度，两个光锥连接点（xy 轴的坐标原点）代表上帝视角（俯瞰整个宇宙时空）的现在，下面光锥代表所有过去，上面光锥代表所有未来，光锥线条（穿过坐标原点，与 x 轴和 y 轴夹角均为 $45°$ 的两条直线）代表不变的光速，即时空自身的运动速度。

这些方程式实际就是牛顿力学惯性参考系的洛伦兹"变形"，通俗说就是给惯性参考系加入了系数 $\sqrt{(1-v^2/c^2)}$，也记做 $\sqrt{1-\frac{v^2}{c^2}}$。其中 v 是物体在时空中的平均运动速度，c 是时空自身的速度，即光速，Δv 表示相对速度，M_0、L_0、t_0 分别表示的是时空中正处于静止或匀速运动状态的物体的质量、尺度大小和时间。

惯性参考系下，也就是牛顿的宇宙时空自身是没有速度的，因为空间是静止的，虽然时间在流逝，但与空间无关。通俗说就是系数 $\sqrt{(1-v^2/c^2)}$ 不存在，因此惯性参考系下，相对速度等于两个运动物体的速度差 $\Delta v=|v_1-v_2|$，物体的质量、尺

寸大小、流逝的时间与物体的运动速度无关，$M=M_0$、$L=L_0$、$t=t_0$。

但狭义相对论认为时空一体，时间流逝速度光速就是时空自身的运动速度，而且光速不变。这样就必须引入系数 $\sqrt{1-\dfrac{v^2}{c^2}}$，结果物体质量与物体运动速度成正比，$M=\dfrac{M_0}{\sqrt{1-\dfrac{v^2}{c^2}}}$；物体尺寸大小和时间流逝速度与物体的运动速度成反比，

$$L=\frac{L_0}{\sqrt{1-\dfrac{v^2}{c^2}}} \,,\quad t=\frac{T_0}{\sqrt{1-\dfrac{v^2}{c^2}}} \,.$$

看到方程式就头疼的读者可以直接跳过，这里罗列方程式的目的也只是让大家和它混个脸熟，知道狭义相对论方程长什么样。因为抛开物理方程式和数学演算，用纯文字描述也能解释清楚爱因斯坦的狭义相对论。

实际上所有物理理论都可以抛开物理方程式和数学演算，只用纯文字描述。比如我们熟悉的物理公式"$F=GMm/R^2$"，该方程涉及的数学运算只有乘除法，纯文字描述为"引力随距离增加而减弱"，或更详细点"引力大小与距离平方成反比"。随着物理学的发展，新的理论方程式更长更复杂，涉及的数学运算不仅有简单的乘除法，还涉及矩阵、波函数、群函数、哈希函数等，但仍然可以只用文字进行描述。

如果单纯用文字描述，那么**狭义相对论的宇宙观要告诉我们的是**：之前牛顿对宇宙的认识不准确，我们生活的宇宙不是由时间和空间两个独立部分构成，**而是一个四维时空，由三维**

空间和一维时间构成的整体，简称"时空"！ 空间时间"搅拌"在一起不可分割，你中有我，我中有你。再也没有透明房子，也没有天河，只有时间空间一体的时空长河。宇宙万物就像生活在这河里的鱼，同时存在于时空长河中，时空长河中的鱼（物体）不再是单独相对于静止空间在运动，而是相对于整个四维时空在运动，一直在同时穿越空间和时间。

四维的时空长河中充斥着电磁波（可见光和不可见光）构成的场，正因为电磁场的存在，我们人类才能看见世界，才有今天的卫星通信，才有 Wi-Fi，才能用手机上网追剧。虽然电磁波（包括位于人类可见光波段的光子）宏观层面体现出波的性质，但本质是质量为 0 的粒子。

四维时空也不再是牛顿宇宙中的绝对静止的空间和光速流淌的时间。因为时空一体，四维时空相对自身空间速度为 0，因此四维时空的时空速度表现出来好像只有时间在流逝，**实际时空速度却是空间维度和时间维度的合速度**。这意味着四维时空中的宇宙万物不存在所谓绝对静止的物理状态，相反地，宇宙万物与生俱来具有高达光速的时空速度。通俗说，时空长河中（宇宙）万物即使自己静止不动，也被迫"随波逐流"，被以光速 C（注释 3）滚滚向前的时空长河（四维时空）"裹挟"着在虚空中前进。

四维时空相对自身空间速度为 0。这个应该很好理解，我们每个人相对自己都是静止的，相对自己空间速度为 0，相对自己空间位移为 0，无论我们坐在家里的沙发上，还是躺在高铁的软椅上，甚至待在围绕黑洞飞行的光速飞船里，相对于我们自身唯一运动（流逝）的只有时间，我们会出生、长大、衰老、死去。同理，假如存在一个凌驾于四维时空之上的上帝视角，会发现四维时空，即我们生活的这个宇宙相对宇宙自身也是空间速度为 0，即空间位移为 0，但空间也会"出生、长大、衰老、死去"。按照目前主流的宇宙起源说，就是暴涨诞生、膨胀、加速膨胀。

但存在于四维时空（宇宙）内部的物体彼此间可以有相对速度，发生空间位移。地球绕着太阳运动，每一天位置都在改变。人类也可以驾驶飞船离开地球去往火星，还可以冲出太阳系，只要飞船空间速度够快。

四维时空中的物体空间速度越快，其时间流逝就会越慢，这样才能保持时空合速度等于光速。**这意味着不同空间运动速度的物体有着不同的时间流速**。当一个物体的空间运动速度越接近光速，时间就走得越慢。**这表明四维时空中的物体空间速度有上限，可以达到光速而无法超越光速**。因为一个物体空间速度达到光速时其穿越时间的速度已经为 0，等于时间维度的速度已经完全贡献给空间，"油门已经踩到底"，再无力给空间"加速"。结果就是有质量的物体空间运动速度不会超越光速，但可以无限接近光速；而质量为 0 的电磁波（包括位于人类可见光波段的光子）其空间运动速度正好等于光速。

四维时空中的物体空间速度无法超越光速的限制，也解释了为什么发生过的事情无法重来。一觉醒来迎来的是明天而不是昨天，打碎的镜子不能复原，鸡蛋可以孵出小鸡，而小鸡却不会再变回鸡蛋。因为存在以光速限制为基础的因果作用律。

因果作用律在这里可以简单理解为时间的方向，时间之矢，时间从现在流向未来，不会从现在回流到过去。通俗说，时间一直往前（未来）走。时间以光速流逝，存在于四维时空中的宇宙万物因为无法超越光速，所以过去已经发生过的事情成为历史，无法再改变。宇宙万物包括宇宙自身都会随着时间的流逝而诞生、成长、衰变、消亡。我们人类也会一天天地老去，从出生走向死亡。

但宇宙依赖于因果作用律才得以诞生并秩序井然，之后才有人类文明的出现、延续和发展，我们的日常生活也得以明日复明日地过下去。如果没有以光速限制为基础的因果作用律，整个世界都将陷入混乱（注释 4）。

一个物体的空间速度达到光速，该物体的时间即陷入停滞。光子的空间速度就是光速，因此时间对光子而言已失去意义。人类生死之间有青少年、中年、老年之别，太阳从诞生到死亡之间有星云、星盘、恒星、红矮星、白矮星的变化，而光子从诞生到湮灭都是一个样子。

我们在日常生活中感觉不到时间流速的减慢，是因为我们日常生活中的空间运动速度太慢了。人类最快的载人飞船速度也不及光速的千分之一，对时间流逝的影响完全可以忽略不计。反之亦然，如果四维时空中的物体空间运动速度为 0，则其时间以光速流逝。这类情况我们在日常生活中倒不乏体验，只需静静坐在家里发呆既可。因为在时间维度上的速度高达光速，静静发呆的你在四维时空中运动合速度仍然是光速。

狭义相对论推翻了我们自己直观感受到的空间静止和整个空间有且仅有一个匀速流淌的标准时间的"基本常识"，也推翻了牛顿对宇宙的认知。爱因斯坦的宇宙里绝对存在的不是空间和时间，而是"合二为一"的四维时空，四维时空中处于不同运动状态的物体，其空间尺寸大小和时间流速各自都会发生变化。通俗地说，对四维时空而言空间和时间都是相对的，四维时空本体才是绝对的存在，所以爱因斯坦的《运动物体的电动力学》又被称为相对论。《运动物体的电动力学》没有包含引力和加速运动，待之后爱因斯坦给出包含引力的场方程,《运动物体的电动力学》又被改称为狭义相对论，爱因斯坦场方程的出现则被视为广义相对论的诞生。

狭义相对论还指出，牛顿关于相互作用力都是超距和定域性的结论也是不准确的。**相互作用力的确是定域性的，但却不是超距的。**光速是有限的，并非无限大，虽然光速非常快，高达约 30 万千米 / 秒。**这意味着我们看见的世界都是过去式。**我们看到的太阳是 8 分钟前的，因为太阳发出的光要跑 8 分钟才抵达地球。晴朗的夜空，抬头可见满天闪烁的星光，实际这些星辰距离地球非常遥远，光需要几年甚至几万年才能抵达地球，我们看见的是这些星辰几年乃至几万年前的模样。即使我们生活的城市，每天从我们身边经过的汽车和行人，假设距离我们 1 米远，我们看到的是这些汽车和行人大约三亿分之一秒之前的样子。

狭义相对论的提出，让当时还在瑞士伯尔尼一家专利局工作的爱因斯坦开始在欧洲物理学界崭露头角，彼时爱因斯坦才 26 岁。狭义相对论有关空间中运动物体因速度不同而时间流速不同的结论，成功消除了牛顿的宇宙和光速不变的冲突。日常情况下物体空间运动都是低速运动，目前人类最快的飞行器，已经驶出太阳系的"旅行者一号"速度也才约 230 千米 / 秒，这点速度相对于光速几乎可以视为 0，对时间流速的影响也就

可以忽略不计。在上述低速情况下，可以近似地认为空间中不同速度的运动物体拥有共同的时间，牛顿宇宙的时间定义仍然有效。但物体运动速度快接近光速时，各物体的时间流速因各自空间运动速度的不同出现显著的快慢之别，牛顿宇宙的绝对时间不复存在，光速不变（注释 5）就现身了。

第③章
爱因斯坦的宇宙（下）

狭义相对论发表的同年，爱因斯坦离开专利局去了瑞士苏黎世大学任教。但狭义相对论没有包含引力，同时狭义相对论在讨论物体穿越时空的运动时，也只限于静止和理想的匀速直线运动，没有涉及加速运动。

匀速直线运动只是理想状态，现实世界中还存在加速运动。物体的空间运动速度都是从 0 开始加速的过程，比如将一辆跑车从 0 加速到时速 100 千米需要 5 秒时间；然后这辆跑车以时速 100 千米的巡航模式在高速公路上行驶，也是一个加速运动过程。时速只是一个平均速度概念，实际情况是这辆跑车每秒的速度会在时速 100 千米上下波动，超过时速 100 千米时发动机会自动减速，低于时速 100 千米时发动机会自动加速，以维持这辆跑车平均时速为 100 千米。因此，要更完整描述我们的世界，需要在狭义相对论基础上融入加速运动。

这里稍啰嗦两句。对物理学家而言，现实世界中的变速运动都可以看成不同方向上的加速度运动，与原运动方向一致就是加速，方向相反则是减速。在数学公式中很可能仅是正负号

的区别而已。因此公式中只要成功引入加速度概念，就能完整
描述现实世界中的不同运动状态。

此外，狭义相对论的质能方程式 $E=mc^2$ 还告诉我们，质量
和能量就是同一事物的两面，就像冰块和水蒸气，或一枚硬币
的正反面（注释6）。这意味着爱因斯坦的宇宙允许物体的质
量为0，即纯能量体的存在。

一个物体质量为0就已经够让人困惑了。小到尘埃、分子
和原子，质量可以接近0但也不应该等于0，作为人类的你我、
动物植物，还有汽车、高楼、大地、海洋，星球更是大质量物
体。**而且质量为0的物体，比如常见的光子还不存在绝对静止
状态，一直以光速做匀速直线运动，这又与现实世界中有质量
的物体都在加速运动背道而驰。**

一个有质量物体的空间静止状态和时间静止状态对处于上
帝视角的旁观者而言几乎没有区别，一艘飞船空间速度为0或
其空间速度达到光速运动，在旁观者眼里飞船都是静止的。但
在现实世界中没有静止的纯能量，比如不存在什么静止的光
子。所以，质量为0的光子不存在空间静止状态，而一直以光
速在空间中穿梭。这意味着光子不存在加速度过程，从光子诞
生的那一刻起，就以光速做匀速直线运动，每刻瞬时速度都不
快不慢正好等于光速。

狭义相对论无法解释为什么光子处于直线匀速（光速）运
动状态，也无法解释宇宙中大量存在的质量为0的光子从何而
来，这一切都要等到广义相对论诞生后才初有眉目。

自己挖的坑自己填，爱因斯坦决定先将引力和加速运动纳
入他的相对论。爱因斯坦在思考如何将引力和加速运动纳入狭

义相对论框架内的时候，洞察到引力和加速度有一个共同点，那就是都无法避免。

不同于匀速直线运动，加速运动能够被感知。想象你坐在一辆正缓缓直线匀速驶出车站的巴士，窗外平行停着一辆巴士。根据你选择不同的参考物，可以产生自己所乘坐的巴士静止不动，而窗外的巴士在运动的错觉。但在加速运动的巴士中，无论你选择怎样的参考物，都不会产生上述错觉，因为你能感觉到加速度。猛踩油门加速你会感觉到身体被压在座椅上；突然右转，你身体会向左倾斜；急刹车，你身体会向前飞出去，如果你没有系好安全带的话。这一切都在提醒你：所乘坐的巴士在运动。

引力也一样，你只要在地球上就会受到地球引力，没有办法可以让你摆脱引力作用。炮弹出膛必然坠地，你跳跃得再高也终将落到地面。

引力和加速运动的共同点，让爱因斯坦意识到加速运动和引力可能是硬币的两面。通过适当改变运动状态，可以让人根本无法辨别引力和加速运动，两者是等效的，这就是等效原理。

很多科普文章在解释等效原理时就到此为止，反而让等效原理清晰的面目又模糊起来。实际等效原理可用一句话概括——**引力就是加速运动**。引力并不是一种"力"，**引力本质是时空的弯曲驱使物体做加速运动**。

有了等效原理，一切问题就迎刃而解了。爱因斯坦之前绞尽脑汁想在狭义相对论的匀速直线运动体系中融入引力和加速运动，现在他发现加速度其实一直都在，而且是以引力的面貌出现。

回到前面提到匀速运动的巴士车上，你正静静坐在车里发呆。按照狭义相对论的观点，此时你和巴士正一起做匀速运动；而经过等效原理洗礼的你知道实际上你和巴士正一起做加速运动。你静静坐着不动，但会受到引力作用，你和巴士正一起在弯曲的时空中做着加速运动。

巴士的例子只是为方便大家理解，其实有没有巴士车都一样。你只要待在地球，你就在跟着地球一起围绕太阳做着加速运动；太阳又带着地球围绕着银河系中心大质量黑洞做着加速运动；而银河系则围绕着麒麟座方向一个尚不为人所知的大质量物体做着加速运动。

我们知道踩油门可以给一辆跑车加速，那么什么又在为星球和星系"踩油门"加速？爱因斯坦表示是四维时空的弯曲让静止（匀速直线运动）的物体开始加速运动。

找一张白纸放在平整的桌面，然后在白纸上放一个静止的物体如玩具车或弹珠，然后把白纸一端卷起来让纸面弯曲，原本静止的玩具车或弹珠便会自然发生加速运动。想象这张白纸是四维时空，玩具车或弹珠是星球，这就是四维时空弯曲产生"引力"的过程。纸面弯曲弧度越大，玩具车或弹珠加速越快，对应四维时空就是时空曲率越大、加速越快。

这里提醒一点，纸片实验只是表现空间维度的弯曲，无法表现时间维度的弯曲，实际四维时空是空间和时间维度同时在发生弯曲。**这意味着时空弯曲会促使有质量物体的空间运动速度加快，时间流速减慢。**

上面白纸实验中是人为地让纸面弯曲，那么时空的弯曲又是什么引起的？**是有质量的物体让宇宙时空弯曲。**按照爱因斯坦的原话"物质决定时空怎么弯曲，弯曲的时空告诉物质怎么运动"。

有质量的物体都会让周围的时空弯曲，但只有大质量物体的时空弯曲效应才明显。地球产生的时空弯曲让月球朝着自己做加速运动（月球绕地球公转），同时更大质量天体的太阳让其周围时空发生更大的弯曲，让地球和其卫星月球以及太阳系其他天体开始围绕太阳做加速运动（绕着太阳公转）。而银河系中心高达 450 万倍太阳质量的黑洞产生的时空弯曲，则让整个太阳系围绕银河系中心黑洞做加速运动（绕着黑洞公转）；整个银河系又在麒麟座星系方向某个尚未知的超大质量物体造成的时空弯曲中做加速运动。

但我们人类是生活在四维时空中的三维生物，我们身体感官的局限让我们无法直观感受到时空弯曲，因此才产生"引力"的错觉（注释 7）。这也解释了牛顿宇宙下的引力为什么不符合定域性。因为牛顿误以为引力是两个有质量的物体之间直接产生的相互作用力，实际引力是时空弯曲效应，是有质量的物体与时空之间的相互作用，**实际引力是符合定域性的**。

比如太阳引发的时空弯曲，需要时空弯曲泛起的时空涟漪从太阳传递到地球后，地球才受到太阳引力的影响，反之亦然。可见引力的作用是一个过程，并非瞬时发生，这与我们看到的太阳光来自 8 分钟前的太阳一个道理。

时空弯曲引发的时空涟漪就是所谓的引力波。光是电磁波，由质量为 0 的光子以光速传播，那么引力波是不是也由和光子一样质量为 0 的引力子以光速传播，这是爱因斯坦于公元 1918 年发表的论文《论引力波》里的假设。引力波已经于公元 2015 年被探测引力波的 LIGO 和 VIRGO 团队首次捕捉到，同时引力波以光速传播也得到证实，但引力子是否质量为 0 还有待进一步验证。

公元 1916 年，爱因斯坦正式发表了论文《广义相对论的基础》，标志着广义相对论的正式诞生。让我们来看看这个迄今为止物理学最伟大成果之一的广义相对论方程：

$$G_{\alpha\beta}=R_{\alpha\beta}-\frac{1}{2}\,Rg_{\alpha\beta}=\frac{8\pi G}{c^4}\,T_{\alpha\beta}$$

觉得太复杂，还有简约版本：

$$G_{\alpha\beta}=\frac{8\pi G}{c^4}\,T_{\alpha\beta}$$

不明白不要紧，混个脸熟知道这是广义相对论场方程就行。从狭义相对论到广义相对论，爱因斯坦足足用了十年时间进行研究。**用一句话概括狭义相对论到广义相对论的历程，就是狭义相对论揭示出时空一体而且自身在以光速运动，而广义相对论进一步揭示出时空内部并不平坦而是具有曲率，即质量引起的时空弯曲。**广义相对论方程实际上就是通过质量（能量）的不同分布（密度）来描述时空如何弯曲（曲率）的场方程。

广义相对论场方程诞生后，牛顿的宇宙和爱因斯坦的宇宙哪个更接近真相就可以一较真伪了。实际上牛顿较之爱因斯坦更早提出引力会让光线弯曲。但不同于爱因斯坦广义相对论的光线弯曲是指质量为 0 的光子经过大质量

1919 年 5 月 29 日爱丁顿拍摄的日全食的照片之一，照片也发表在他的 1920 年的论文中，宣告其证实爱因斯坦的光"弯曲"理论的成功。

（© 维基 / 公版）

天体造成的时空弯曲而发生路径改变，牛顿宇宙的光线弯曲在说质量接近于 0 的微小粒子光子受到大质量天体引力吸引而发生路径改变。结果根据牛顿理论求出的光线经过太阳时路径偏转角度为 0.875 角秒，而根据广义相对论场方程求出的光线经过太阳时路径偏转角度为 1.75 角秒，两个理论预言的角度差异明显。

公元 1919 年，英国皇家学会和英国皇家天文学会派出由亚瑟·斯坦利·爱丁顿领导的两支日全食观测队分别前往西非几内亚湾的普林西比岛和巴西的索布腊尔两地，测量光线经过太阳时实际的偏转角度。两地测量结果分别约为 1.62 角秒和 1.97 角秒，虽然测量误差较大，但毫无疑问爱因斯坦的广义相对论胜出，这意味着爱因斯坦的宇宙更接近真相。

广义相对论的宇宙观告诉我们：我们生活的宇宙由四维时空组成，四维时空内物体以大小为光速的合速度同时穿越空间和时间。

时空本身与物体会发生相互作用，有质量的物体会让时空弯曲。弯曲的时空会给有质量的物体一个空间加速度，一个时间加速度（反向加速度就是减速），时空曲率越大加速度越大。通俗地说，有质量的物体空间运动速度与时空曲率成正比，时间流速与时空曲率成反比。时空弯曲会在时空泛起涟漪即引力波，随着引力波向外传递，从而让相聚甚远的物体彼此间也能受到引力的影响，所以引力不是瞬时发生的，也符合定域性的要求。

同时四维时空充斥着电磁场，传递电磁力的光子以光速做直线匀速运动穿梭于宇宙的星辰大海之间。

但广义相对论还需解释为什么光子处于直线匀速（光速）运动状态？以及光速，这个宇宙万物中同时穿越空间和时间的

合速度，从何而来？

爱因斯坦发表广义相对论场方程后几个月，他的德国同胞卡尔·史瓦西就根据场方程演算出史瓦西半径（视界面），预言了黑洞的存在。史瓦西通过场方程演算发现，在爱因斯坦的四维时空中，任何一个天体都各有一个半径临界值，如果一个天体实际半径坍缩到小于临界值，其高密度的质量会让周围四维时空变得极度弯曲以至于把这个天体"包裹"起来形成一个视界面，这个视界面的时空扭曲速度达到光速，一旦进入这个视界面即使光也无法逃脱。

遗憾的是彼时正值第一次世界大战，应征入伍的史瓦西很快战死沙场。多年以后，美国物理学家惠勒形象地称呼被视界面包裹的天体为"黑洞"（注释8），因为光也无法从视界面逃逸。对于远处旁观者而言，这个视界面就是一个不可见的黑体。

不同于今天"黑洞"已经广为人知，彼时黑洞概念提出来之后，许多物理学家都表示难以置信。但黑洞视界面的存在却为人类观察时间维度创造了条件。黑洞周围时空极度弯曲，时空曲率越大加速度越大，这意味着一个黑洞足够大，其视界面附近会存在由大量被强大引力"吸引"过来并被加速到空间运动速度接近光速的物体构成的吸积盘，这些物体主要是宇宙尘埃（气体）和粒子，还有极低概率是刚好与黑洞视界面保持安全距离，从而避免被黑洞引力撕裂瓦解最终落入黑洞的幸运的天体。吸积盘内的物体在极度弯曲的时空中相互碰撞摩擦释放出的巨大热能照亮漆黑的宇宙，这给了人类间接看见黑洞的可能。

经过近一个世纪的等待，公元2019年4月，人类史上第一次拍摄到黑洞照片，完美证实了黑洞的存在。

第④章

膨胀的宇宙

与史瓦西预测黑洞几乎同时，另一位荷兰天文学家和数学家威廉·德西特和苏联物理学家杰尔姆·弗里德曼，先后根据广义相对论场方程演算出一个不断膨胀中的宇宙模型，它是今天宇宙膨胀和大爆炸理论的起点。

爱因斯坦最初不认同宇宙膨胀的模型，为此还修改了自己的场方程，给场方程加入了起排斥力作用的负压强物质以平衡起吸引力作用的正压强物质对时空的影响，确保宇宙维持静止状态。这个强行加入的排斥力的大小取值是个常数，即大名鼎鼎的宇宙学常数 Λ，加入了宇宙常数项 Λ 的场方程如下：

$$R_{\mu\nu} - \frac{1}{2} Rg_{\mu\nu} + \Lambda g_{\mu\nu} = \frac{8\pi G}{c^4} T_{\mu\nu}$$

但随着美国天文学家爱德文·哈勃在观察星系时，发现银河系之外还有数量众多的类似银河系的其他星系，统称（银）河外星系，而之前多数物理学家都认为银河系就是宇宙的全部。哈勃接下来的发现更为惊人，银河系和这些类银河系的河外星系光谱都出现了红移（注释9）现象，这意味着这些星系正在彼此远离，而且相距越远彼此远离的速度越快，哈勃因此得出了宇宙正在膨胀的结论。为此爱因斯坦颇为懊恼，又从场方程中删掉了宇宙常数项 Λ，并宣称宇宙常数是自己学术生涯最大的错误。之后，宇宙常数 Λ 被整个物理学界遗忘，但半个世纪后宇宙常数 Λ 却随着暴涨理论卷土重来，这是后话。

而在公元 1929 年哈勃正式公布星系红移数据的前两年，即公元 1927 年，法国物理学家乔治·勒梅特仅仅依据爱因斯坦加入了宇宙学常数 Λ 的广义相对论方程，通过限定方程某些因子的取值，比如空间大小有限，曲率为正（或取值 0），宇宙常数项 Λ 为正（排斥力不为 0，且比爱因斯坦给出的 Λ 值略大），竟然就得到了一个与爱因斯坦静态宇宙模型完全相反的加速膨胀的宇宙模型。勒梅特的宇宙模型有一个高温高密度的起点，宇宙诞生于大约数十亿年前一个体积很小、密度很大、温度极高的奇点的一次剧烈爆炸，之后宇宙开始减速膨胀，待排斥力完全抵消吸引力后，宇宙开始加速膨胀到今天的大小，同时宇宙还会继续加速膨胀下去。

事实上勒梅特的加速膨胀的宇宙模型是关于现实宇宙正确的描述，今天主流的宇宙模型几乎就是勒梅特宇宙模型的翻版。受益于观察手段的进步，数据精度提升，今天主流的宇宙模型更为精确，我们的宇宙诞生于约 137 亿年之前，而不是数十亿年前，并在大约 45 亿年前开始加速膨胀。遗憾的是当年随着宇宙常数项 Λ 被爱因斯坦抛弃，勒梅特的宇宙模型也一度被物理学界冷落。直到公元 1946 年前后，原籍苏联的物理学家，后移居美国的乔治·伽莫夫携手他的学生阿尔菲和赫尔曼正式提出了热爆炸宇宙模型，才让加速膨胀的宇宙再次进入物理学家们的视线。

热爆炸宇宙模型中，宇宙一直在加速膨胀。热爆炸宇宙模型预言了大爆炸的余热，即**宇宙微波背景辐射**的存在。热爆炸宇宙模型估算宇宙诞生之初的第一个瞬间，即普朗克时间 10^{-43} 秒时的温度高达约 1.4168×10^{32} 开尔文（K）。这个温度又被称为普朗克热点或绝对热点，与之对应的是绝对冰点，又称绝对零度，即 0 开尔文（K）。普朗克时间、普朗克热点和绝对零度都是根据普朗克常数推导出的常数。

随着宇宙的膨胀，普朗克热点经过百亿年岁月的衰减，到今天频率已经红移到微波范围，温度降到接近绝对零度的 5~10K，几乎微不可察，这就是宇宙微波背景辐射。

彭齐亚斯和威尔逊站在 15 米高的霍尔姆德尔霍恩天线前，
他们最引人注目的研究就是通过这架天线进行的。（© 维基 / 公版）

公元 1964 年，美国无线电工程师阿诺·彭齐亚斯和罗伯特·威尔逊偶然发现了宇宙微波背景辐射，热爆炸宇宙模型也因此声名鹊起，成为物理学界公认的宇宙起源主流理论。早年家里有由天线接收节目的模拟电视机的朋友，应该都亲眼见过宇宙微波背景辐射，那就是转换频道时经常莫名收到的满屏雪花状噪点，其中少部分干扰就来自宇宙微波背景辐射。

热爆炸宇宙模型很好地解释了质量为零的光子是如何产生的，也解释了四维时空光速的来源，一切皆是那次大爆炸的结果。光子就是爆炸后释放出的能量，以光速在宇宙中穿行。宇宙诞生之后，死亡的恒星爆炸后也会产生大量光子，但宇宙中的光子主要来自大爆炸。组成我们这些有质量物体的基本粒子亚原子等也是那次大爆炸"炸出来"的，因此宇宙万物的速度属性与生俱来。宇宙大爆炸创造出了四维时空，之后诞生于四维时空中的物质和能量被膨胀的空间和流逝的时间"裹挟"着前进。这就是四维时空中物体一直处于运动状态，以合速度光速同时穿越空间和时间的原因。

借助广义相对论的场方程，人类得以首次从科学层面触及宇宙起源和时间起点，人类第一次接近"我们从哪里来"这个问题的答案。

但热爆炸宇宙模型也有致命的缺陷，宇宙在加速膨胀意味着早期宇宙物质密度应该远高于今天，同时宇宙中还应该充斥着反物质、磁单极子等各种奇怪的粒子，但今天的宇宙在大尺度上却是各向同性。通俗地说，我们的宇宙宏观上时空整体平坦，物质分布均匀。晴朗的夜晚，遥望星空，你不会看到一半夜空凸起，一半夜空凹陷，夜空平坦地延伸到地平线；你也不会看到夜空一半漆黑，一半星光万丈，而是繁星点点几乎占据整个夜空。反物质难得一见，而磁单极子更是一个也没有找到。

对宇宙微波背景辐射的观测，也证实了宇宙大尺度上能量分布的各向同性。公元 1989 年，NASA 发射了宇宙背景探测者卫星（COBE），并于公元 1990 年取得初步测量结果，结果显示大爆炸理论对微波背景辐射所做的预言和实验观测相符。整体而言，COBE 测得的宇宙各处微波背景辐射强度（温度）同为 2.726K，接近绝对零度（0K），虽然宇宙微波背景辐射在微观尺度上存在细微的温度涨落（十万分之一 K 的温差），这对宇宙物质和星系诞生至关重要（注释 10），但十万分之一 K 的温差在宏观尺度上几乎可以忽略不计。

宇宙背景探测者卫星（COBE）
（© 维基 / 公版）

而弥补热爆炸宇宙模型缺陷的是暴涨理论。无论暴涨理论涉及的"标量场"，还是热爆炸宇宙模型牵扯到的反物质和磁单极子，皆属于微观物理学范畴。单凭广义相对论已无法解释宇宙的起源。

现在让我们回到一百多年前，微观物理学诞生的日子。

量子力学要登场了。

第 5 章

量子　原子　普朗克常数

在牛顿、爱因斯坦等一众物理科学巨匠带领人类逐渐揭开宇宙神秘面纱的同时，研究宇宙及万物构成基础的微观物理学也在飞速发展。

　　牛顿的宇宙支持物质微粒说，认为宇宙万物由肉眼不可见的不可分的微粒构成。但牛顿在其另一部科学巨著《光学》中提出光子也是微粒的说法，却遭到了克里斯蒂安·惠更斯光波理论的挑战。公元 1801 年英国医学家、物理学家托马斯·杨的双缝干涉实验证实光子通过双缝时会产生只有波才会产生的干涉波，表明光是波而不是微粒，但这并不影响物质微粒说被普遍认可。彼时科学家相信构成宇宙万物的最小物质单元是肉眼不可见的不可再分的微粒。公元 1803 年，牛顿和麦克斯韦时代之间的英国数学家和化学家约翰·道尔顿将这种不可再分的微粒命名为原子。

　　"原子"一词来源于古希腊朴素原子论，该理论猜想宇宙万物由数量无限多的、大小形状各不相同的不可分的不生不灭的原子构成。之后近一个世纪的时间里，人们都认为原子就是组成宇宙万物的最小物质单元。

19世纪末20世纪初，先是公元1897年，英国科学家约瑟夫·汤姆逊发现了电子，接着公元1912年，出生在新西兰的英国科学家欧内斯特·卢瑟福发现了原子核，揭示出原子由更小的"微粒"原子核和电子构成。七年后，卢瑟福又发现了原子核内部的质子，揭示出原子核也不是最小的物质单元，其具有内部结构，可以再分。公元1932年，中子也被发现，中子和质子构成了原子核。公元1968年，利用粒子对撞机，物理学家发现中子和质子竟然也由更小的微粒"夸克"构成。直到夸克（注释11）的出现，人类在微观世界堪比俄罗斯套娃式的"寻根之旅"才暂告一段落。

但微观物理学面临的最大挑战不是在微观世界里寻找最小物质单元，而是与宏观世界物理法则"格格不入"的微观世界物理法则。光子再次成为焦点，光速不变开启了宏观物理学的相对论时代，而光子的"波粒二重性"则在微观物理学界掀起了量子力学革命。

"量子"一词诞生于原子核被发现前的公元1910年。这一年德国物理学家马克斯·普朗克解决了电磁学的黑体辐射能量无限大的世纪难题。

因为一个物体反射所有光波会呈现白色，吸收所有光波会呈现黑色。19世纪的科学家在研究电磁波热辐射现象时进行了一个思维实

普朗克（© 维基 / 公版）

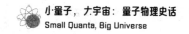

验，假想存在一个 100% 吸收全部光波的理想黑体。

彼时电磁学理论研究发现光（波）是电磁波的一种，而波是连续的，这意味着一段光波可以不断分割为更短的波，就像连续的数字在数学（理论）上可以无限"分割"下去。例如数字 0 和 0.1 之间，就可以搞出无限个无限数列：

$$0.01\cdots\cdots0.001\cdots\cdots0.0001\cdots\cdots0.00001\cdots\cdots0.000001\cdots\cdots\infty$$

如果电磁波可以被无限分割，那么被分割出来的波段携带的能量再微不足道，总能量也趋于 ∞，而被理想黑体吸收的电磁波无法逃出黑体，黑体内的总能量自然也趋于 ∞。这意味着理想黑体吸收了电磁波，黑体内部就会"孕育"出无限大的能量，即使这个黑体只有原子大小，这显然违背常理。理想黑体的无限能量对电磁学理论的冲击不亚于光速不变对牛顿宇宙的冲击，成为动摇电磁学理论根基的"黑洞"。

普朗克解决之道说起来也简单，普朗克假设电磁波（光波）微观本质是一个一个的粒子，那么电磁波携带的能量就不应该是连续的，而是一份一份的，并且每一份能量都是某个最小能量值的整数倍。普朗克将这个最小能量值命名为量子，并计算出最小能量值 $h = \varepsilon / \nu = 6.62607015 \times 10^{-34}$ **焦耳·秒**。这个 h 就是与牛顿的重力 G、爱因斯坦的光速 C 齐名的物理学三大常数之一的**普朗克常数**。

无限"分割"下去的电磁波频率"成就"了理想黑体的无限能量，有限的普朗克常数则"消除"了理想黑体的无限能量。

如果觉得黑体辐射和无限能量太过陌生，可以用熟悉的质量来举例。假设有一个总质量 1 千克的石头，你能计算出这个石头最多可以分成多少块吗？如果认为石头可以无限分割下去，这道题是无解的，如果有答案，答案也只有一个就是∞！因为连续的物体无限分割下去**没有最小，只有更小**。

0.01……0.001……0.0001……0.00001……0.000001……∞

1千克 =0.1千克 × 10=0.01千克 × 100=0.001千克 × 1000=0.0001千克 × 10000……= ∞ × ∞

普朗克常数 h=6.62607015 × 10^{-34} 焦耳 / 秒，单位是能量（焦耳）× 时间（秒），爱因斯坦狭义相对论又告诉我们 $E=mc^2$，那么我们就可以由普朗克常数推导出普朗克质量。有了普朗克质量我们就能计算出总质量 1 千克的石头到底可以分成多少块。普朗克质量约为 2.177 × 10^{-8} 千克（**具有客观确定性的物体的最小质量**），那么 1 千克的石头可以分成大约 2.2 × 10^8 块。

普朗克因为解决了黑体辐射能量无限大这个世纪难题而获得了物理学界的最高荣誉诺贝尔物理学奖。今天有些人觉得黑体辐射难题不够分量，普朗克获诺奖有些名不副实，甚至还有自作聪明者调侃普朗克靠文采发明了"量子"一词获得了物理学奖。但重点不是黑体辐射难题，也不是"量子"一词，而是以普朗克名字命名的普朗克常数。

有了普朗克常数我们不仅可以推导出普朗克质量，还能推导出普朗克长度。与每一份能量都是最小能量值的整数倍同理，宇宙万物的质量和大小也都是普朗克质量和普朗克长度的整数倍，这不就是在说普朗克质量和长度就是构成宇宙万物的最小物质单元吗？**普朗克常数的出现，标志着微观物理学进入量子力学时代，自古希腊人提出原子猜想，已经有两千余年了，人类终于给出了这个所谓最小物质微粒的大小和质量。实际上普**

朗克是以量子力学开创者的身份拿的诺贝尔物理学奖。

但和今天"万事不决，量子力学"名声在外不同，量子力学诞生之初显得波澜不惊，彼时整个物理学界在感叹普朗克常数的伟大之后，目光都被爱因斯坦的相对论所吸引。有趣的是，伟大的相对论并没有给爱因斯坦带来诺贝尔物理学奖的荣耀，反而是爱因斯坦在量子力学方面的贡献让他拿到了诺贝尔物理学奖。

公元 1905 年，爱因斯坦发表狭义相对论的同年，受到普朗克量子思想启发的他还发表了《关于光的产生和转换的一个假说》，解释了光（电磁波）的光电效应，即光波频率高于某一个特定频率的光照射某些金属时，不论照射强弱都会让金属产生电流，反之频率低于某一个特定频率的光照射某些金属时，即使不断加强照射强度也无法让金属产生电流。爱因斯坦认为那是因为光的本体是粒子，光波只是无数光粒子聚集在一起产生的宏观视角的幻象，所以加强光照只是增加了光粒子的数量，但不同频率光粒子携带的能量只与普朗克常数和自身频率有关，符合普朗克预言的最小能量（普朗克常数）的整数（频率）倍。只有频率足够高的光粒子携带的能量，才足够强到让金属产生电流。

光电效应成为光子微粒说的铁证，一如托马斯·杨的双缝实验是光子波动说的铁证。公元 1921 年，爱因斯坦因为成功解释了光电效应而荣获当年的诺贝尔物理学奖。三年过后，量子力学就携概率波的惊涛骇浪颠覆了整个物理学。

第 **6** 章

波粒二象性

人类刚刚揭开原子面纱的时候，以为原子内部的电子和原子核的关系宛如行星围绕恒星。喜欢物理的读者，应该还记得小学物理课本上的原子内部结构图。

原子核像太阳一样居于原子内部中心，电子像太阳系行星般围绕原子核运动。第一个提出该理论的是发现了原子核以及原子核内部质子的卢瑟福，该理论构成了卢瑟福模型。但原子内部空间有限，原子核带正电，电子带负电，如果卢瑟福模型正确，那么电子早坠落在原子核表面，正负电荷也就中和了。随后的光谱

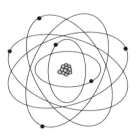

原子内部想象图
（© 维基 / 公版）

实验测量出的氢原子光谱线也揭示出电子并不存在连续运动，也就是说围绕原子核运动的电子不是从 A 运动到 B，而是仿佛从 A 消失，然后直接出现在 B，彻底否定了卢瑟福模型。

公元 1913 年，广义相对论诞生前两年，丹麦物理学家尼尔斯·玻尔提出了自己的玻尔模型。玻尔认为电子的确围绕原

子核运动，但并非行星围绕恒星那般地连续运动，而是在不同能量态间跃迁。这里玻尔借鉴了普朗克的量子理念，预测原子内部围绕原子核由近到远存在量子化的能量（势能）轨道，电子只存在于其中一条量子化轨道上，而不会出现位于两条量子化轨道之间的状态，因为这些量子化轨道能量大小和电子角动量大小皆与普朗克常数 h 呈整数倍关系。通俗地说，就是原子内部围绕原子核存在多条能量轨道，距离原子核最远的一条轨道能量最高，距离原子核最近的一条轨道能量最低。因为能量是不连续的，这些能量轨道也互不相连，彼此独立存在，高能量轨道的能量值是低能量轨道能量值的整数倍。

同理，位于高能量轨道上的电子的能量值也是位于低能量轨道上电子能量值的整数倍。高能量的电子不稳定，会自发失去能量（释放光子），因此又被称为激发态电子。激发态的电子不断失去能量，最终成为基态电子。基态电子非常稳定，因为已处于能量最低形态，没有能量可以失去，反而有机会吸收能量（获得光子）向能量更高的轨道跃迁。

在原子内部，表现为电子在量子化轨道间由高到低跃迁，从距离原子核最远的最高能量轨道开始向较低能量轨道依次跃迁，直到跃迁至距离原子核最近的最低能量轨道成为基态电子，就像高空物体坠向地面。但电子只会出现在能量轨道上，而不会出现在两条轨道之间。

玻尔模型最大的贡献是将量子理念正式引入微观物理学，并解释了为什么电子不会坠落原子核表面，因为最低能量轨道的电子处于基态，而基态电子只可能吸收能量（获得光子）向能量更高的轨道跃迁，即远离原子核而不是相反。

但玻尔模型关于原子内部的能量轨道和电子跃迁的描述怎么看也像在复述同一个物理现象，原子内部的能量轨道也一直没有在实验中找到。而且玻尔模型没有说明每层轨道上可以容纳多少个电子，如果原子内部真的存在所谓能量轨道的话。

每层轨道上能容纳多少个电子的问题被玻尔的同事泡利解决。而玻尔的学生兼同事维尔纳·海森堡则指出，既然在原子内部找不到能量轨道，事实就是原子内部根本不存在所谓能量轨道，只有电子的能量衰减和跃迁。

沃尔夫冈·泡利是奥地利著名的物理学家，也是欧洲物理学界公认的天才，21 岁就拿到博士学位。公元 1922 年，玻尔因为玻尔模型获得了当年的诺贝尔物理

海森堡（© 维基 / 公版）

学奖，同年博士毕业后找不到工作的泡利来到了丹麦哥本哈根大学担任玻尔的助手。两年后的公元 1924 年，泡利提出了不相容原则，指出每层轨道只能容纳两个电子，这就是著名的泡利不相容原理。不少科普文章解释泡利不相容原理时声称因为"不会有两个或两个以上的费米子会处于完全相同的量子态"，这只是从术语"不相容原理"跳转到术语"费米子和量子态"，解释了个寂寞，也极不准确。因为泡利提出不相容原理时还没有费米子一说，而且泡利最初认为每层轨道只能容纳一个电子。

实际上彼时泡利的思路理解起来很容易，一个萝卜一个

坑。四维时空同一时间同一地点（空间）无法共存两个或两个以上物质。要在已有一栋楼的地点再建一栋新楼，只有将旧楼先拆掉。一个塞满东西的盒子，是没有空间容纳新物品的。我们人类包括宇宙万物由原子构成，原子内部是原子核和电子，就是说电子也是物质组成部分。所以一个电子占据了轨道，其他电子只能去其他轨道。

但泡利很快发现一个能级（每层轨道）只能容纳一个电子不足以解释所有原子（元素）的性质，于是又人为添了一个电子，"允许"一个能级容纳两个电子。彼时电子自旋的性质尚未被发现，泡利暂时也没有说清楚两个电子间有何区别，只能一味强调共存一个能级的两个电子必然有所不同，否则就与不相容原理相冲突。

好在泡利提出不相容原理后不到一年的时间，两个初出茅庐的荷兰物理学家乔治·乌伦贝克和萨穆儿·古德斯密特就发现了基本粒子的自旋。不相容原理的真相也大白于天下，那就是一个能级能容纳两个自旋相反的电子。最初泡利却不领情，反对粒子自旋说，因为乔治和萨穆儿理论无法解释粒子自旋角动量的能量来源。彼时海森堡的不确定性原理还没有问世，能量"无中生有"还不为人知。

就在粒子自旋被发现的同年，公元 1925 年的春天，海森堡也开始在理论物理界崭露头角，他大胆指出自己导师玻尔的原子内部模型的能量轨道根本就不存在。

原子核虽然占据原子 99% 的质量，但体积不到原子大小的 1%，结果原子内部空间非常空旷，"轻飘飘"的电子在原子内部围绕着原子核运动。原子内部景象和太阳系内太阳和行星关系非常相似，以至最初微观物理学家直接借用太阳和行星相互运动去解释原子内部原子核和电子的相互运动。但包括地球在内的太阳系行星在万有引力作用下围绕太阳做圆周运动，留下椭圆形的运行（公转）轨迹，而电子在原子内部却并不存在同样的运行轨迹，只有能量增减引发的跃迁，于是才有玻尔模型的提出。虽然模型受到了挑战，但玻尔仍然没有放弃轨道概念，他认为围绕原子核存在类似的行星公转轨迹的能量轨道，电子就在这些能量高低不同的轨道上下跃迁。

因为电子发生跃迁时遵循一个规律，即一个电子吸收光子增加能量就会"跳到"离原子核更远一点的位置，失去光子能量减弱就会"落到"离原子核更近一点的位置，由此玻尔等物理学家才猜想原子核周围存在能量高低不同的轨道。但能量轨道一直没能在实验中找到。简单说，如果没有电子跃迁行为发生，我们是无法判断原子内部哪些位置能量高一些，哪些位置能量低一些的。

海森堡一针见血地指出，不是无法判断，而是哪些位置能量更高一些、哪些位置能量更低一些这种情况在原子内部就不存在。**所谓电子跃迁是电子自身的物理特性，是电磁力的一种形式。**即使没有被束缚在原子内部的自由电子，只要处于电磁场中电子就会自发地吸收光子或失去光子。一个原子内部的电子获得足够多的光子（能量），不仅会远离原子核，甚至会发生电离现象，让电子挣脱原子核的束缚逃离原子成为一个自由电子；反之，一个自由电子也能被一个原子俘获。同时，不同原子之间还会发生电子交换行为，这也是不同元素间化学反应的微观真相。

海森堡的真知灼见得到了他的导师玻尔的大力支持。但海森堡的方程式却是矩阵运算，而不是麦克斯韦电磁波理论常用的波函数，这让多数物理学家颇感头疼。而第一个给出波函数方程的就是因"薛定谔的猫"而名声在外的奥地利物理学家埃尔温·薛定谔，这个波函数方程也被称为薛定谔方程：

$$ i\hbar \frac{\partial}{\partial t} \Psi(r, t) = \Psi(r, t) $$

又一个高大上的公式，照例，我们不用管这个公式数学上怎么求解，只关注公式的物理意义即可。薛定谔方程成功以波动形式描述了电子的跃迁行为。与麦克斯韦的电磁场理论一样，薛定谔方程将电子围绕原子核的量子跃迁简单视为电子波不同的振荡频率，根本没有什么电子在原子核周围不同能量级别的轨道上跃迁，只是电子波自己的振荡频率在改变。

但普朗克已经告诉我们，波的能量（频率）有最小单位，即使电子波是连续的，其在能量端也能表现出不连续的量子化跃迁。实际上薛定谔方程打破了"原子壁垒"，将原子内部统一到了麦克斯韦的电磁学理论框架内。薛定谔方程不仅获得了彼时信奉麦克斯韦理论的主流物理学家的认同，连海森堡的导师玻尔也大为欣赏。

薛定谔（© 维基 / 公版）

薛定谔方程的出现比海森堡的矩阵晚一年，结果物理学家却都成了薛定谔方程的拥趸。这一度让海森堡颇为郁闷，但海森堡在独自钻研矩阵时发现矩阵的乘法运算和代数乘法运算不同，代数乘法运算 $a \times b = b \times a$，而矩阵乘法运算 $A \times B \neq B \times A$，矩阵乘法运算中因子先后顺序一旦交换，乘积结果就会发生变化。敏锐的海森堡意识到这不是简单的算法异同，既然矩阵运算被用来描述电子的跃迁，$A \times B \neq B \times A$ 的背后一定隐藏着电子运动不为人知的一面。

最终海森堡顺藤摸瓜，发现要同时获知一个电子的动量和位置的准确信息是不可能的。

想象一对情侣在机场分别的场景：男人突然回眸凝望，目送女人以 3 码的时速缓步走过机场的检票口。这样寻常的事件在微观世界却无法实现。男人目送女人离开，从微观层面来说，实际是女人身上反射的光线——大量光子——进入了男人的眼睛，通过视网膜形成信号，最后通过神经传递到男人大脑。人由难以想象的庞大数量的基本粒子组成，光子击中女人的身体反射出去，对女人运动没有什么影响。但目送（观测）的对象换成单个基本粒子时情况就不一样了。单个光子击中电子足以撞飞电子，甚至可能击毁电子（大型粒子对撞机就这么干的，加速光子或中子去轰击质子），意味着得到该电子所在准确位置的同时，也失去了该电子原来运动速度的准确信息，反之亦然。总之，动量和位置只能知其一。这个原则很快被推广到所有亚原子尺度上，如夸克、质子、中子等基本粒子层面，量子力学的三大基本原理之一——**"不确定原理"**，开始登上历史舞台。

不确定原理又被称为"测不准原理"，即源于对电子动量和位置的测量实验。但"测不准"这个名称很容易让人误会电子自身是同时具有动量和位置准确信息的，只是受到人类观察测量技术条件的限制，才使得其同一时刻的动量和位置只能知其一。实际并非如此。海森堡的导师玻尔意识到**电子及所有亚原子尺度的基本粒子的动量和位置是二象性关系，和基本粒子的波粒二象性是一个道理。**

人类最初从光子身上观察到基本粒子的波粒二象性现象，光到底是粒子还是波困扰了物理学家一个多世纪。托马斯·杨的双缝实验证明光毫无疑问是波，但普朗克开创的量子力学和爱因斯坦的光电效应解释又表明光是不折不扣的粒子。最后美国物理学家密立根站出来，第一个正式提出光既是波又是粒子的波粒二象性理论，并于公元1916年从麦克斯韦电磁波理论的波函数方程出发，推导出了爱因斯坦在光电效应解释中给出的粒子方程式。接着法国天才物理学家路易·德布罗意给出了德布罗意公式，将波粒二象性从光子推广到所有亚原子尺度的基本粒子。**德布罗意受到狭义相对论的启发，认为既然质量和能量是一枚硬币的两面，能量与波的频率相关，那么有质量的物体也应该有波的一面。**简单地说，**物体的动量变化可以由能量波幅变化来描述。**

德布罗意公式公布于公元1924年，比海森堡的矩阵还早一年。薛定谔正是受到德布罗意公式的启发，在公元1926年推导出了著名的**薛定谔方程，即用电子波能量波幅的变化去描述电子围绕原子核运动的动量变化。**

玻尔也认同基本粒子具有波粒二象性，但和德布罗意的波粒二象性理论却有本质区别。德布罗意的波粒二象性理论认为，基本粒子是同时具有粒子和波形态的**"驻波"。**驻波概念比较抽象，可以简单理解为不会传播而是原地振荡的波，这样既是波，因为不传播而原地振荡，也可以近似看作是一个粒子。这和后来的弦论中振荡的弦颇有几分相似之处。

　　玻尔则受到海森堡不确定性原理的启发，认为**粒子和波都是基本粒子的真实形态，但不会同时以既是粒子又是波的形态出现，而是根据观察手段的不同而呈现不同形态。**玻尔对量子波粒二象性的解释就是所谓的"互补原则"。

　　请看下面两张图：

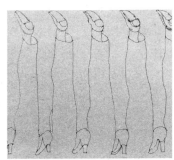

　　看左图是人脸还是花瓶完全取决于观察者正在实施的观察方式，即双眼的聚焦点正落在何处。左图并不存在什么从人脸演变为花瓶，或从花瓶演变为人脸的因果作用律的物理机制。同理，看右图是女式高跟鞋还是男式皮鞋，也仅取决于观察者的眼睛落在何处聚焦。右图的女式高跟鞋和男式皮鞋之间也不存在具有因果作用律的物理演变机制。

　　同理，**互补原则认为基本粒子的波粒二象性仅与观察手段有关。**简单说，基本粒子（光子、电子、中子、质子等）是波还是粒子仅取决于观察方式。

　　而且每次观察测量的结果都是独立且唯一的。换句话说，每次观察测量都只与正在实施的观察手段相关，有且只有一个确定的测量结果；既与过去已经实施的观察手段和得到的测量

结果无关，也与未来（可能）实施的观察手段和得到的测量结果无关。

玻尔认为脱离观察手段去探寻所谓基本粒子本体是什么是没有意义的。就像一辆汽车的颜色，比如你高兴地告诉自己的女朋友，你新买了一辆红色跑车，实际上你是说你新买了辆在我们人类眼睛的感光波段，即可见光（波长 400~760 纳米段）内看起来是红色的跑车。大家都是地球人，在交流时都不用说明观察手段。但是，如果你女朋友是个外星人，眼睛只接收 X 射线，你就得说，我买了辆我们地球人看起来是红色的跑车，因为在这位外星女朋友的眼里你的跑车是亮白色的。这辆跑车不可能同时既是红色又是白色，因为是红色还是白色依赖于观察手段的选择，在人类眼睛的感光波段中这辆跑车就只是红色，在 X 射线波段这辆跑车就只是白色，但无论红色还是白色，都是这辆跑车真实的颜色。

颜色只是举例，玻尔所谓的观察手段不是单指用人类的眼睛去看，而是泛指客观存在的物体间一切相互作用。宇宙万物包括我们人类，无时无刻不处在观察状态中，既在观察，也在被观察。物体质量促使时空弯曲，电子被原子核俘获都是物体和时空、电子和原子核之间的相互"观察"。

笛卡尔有句名言"我思，故我在"。玻尔的却是（重要的事情说三遍）：

"我观察，故世界在。"

"我观察，故世界在。"

"我观察，故世界在。"

为什么不同的观察方式会决定基本粒子（光子、电子、中子、质子等）是波还是粒子？因为在不确定原理大行其道的微观量子世界里，任何观察手段都会对观察对象产生扰动，就像用光子观察电子位置的同时也会撞飞电子，失去电子的动量信息。**所以互补原则和不确定原理是不可分割的一体两面，互为证明，互补原则是海森堡不确定原理适用范围的扩大，不确定原理则是互补原则的底层逻辑。**

乍一看德布罗意的驻波更符合我们人类的日常经验，但物理学的历史表明，人类的日常经验往往靠不住。这次也不例外。电子衍射实验的结果表明，抽象的玻尔的互补原则更接近自然真相。

下面将为大家详细解读这个堪称物理学界里程碑的电子衍射实验的结果。电子衍射实验结果是了解量子力学三大支柱波粒二象性、不确定性原理和概率波理论的关键，但可惜的是很多科普文章对该实验结果的解读过于侧重对波粒二象性的介绍，而忽视了该实验对电子波概率性的确认。以至于很多物理爱好者很难理解量子力学怎么就"突然"引入了概率波，掷起骰子来了。

第 **7** 章

电子是概率波

公元 1927 年，美国科学家戴维森和革末开始着手电子衍射实验。两人的初衷是验证德布罗意的波粒二象性理论。德布罗意将波粒二象性理论推广到了所有基本粒子，这意味着组成我们宇宙万物的原子核和电子也应该具有波粒二象性。结果实验大获成功，不仅证明电子和光子一样具有波粒二象性，还为量子力学带来了概率波。戴维森和革末两人也因此获得了诺贝尔物理学奖。

电子衍射实验的原理和当年托马斯·杨的光子双缝干涉实验大同小异，又被称为电子双缝干涉实验。在电子发射器与观察屏之间设立双缝装置，然后电子发射器向观察屏不断发射电子。如果电子只是粒子，那么电子通过双缝后落在观察屏上形成的图像应该是两条光柱（见下页上左图），如果电子还是波，那么电子通过双缝后落在观察屏上形成的图像应该出现干涉条纹（见下页上右图）。

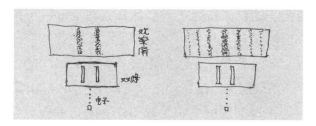

电子双缝干涉实验

结果与德布罗意预料的一样，观察屏上出现了干涉条纹。下图是真实的电子干涉条纹图像，但图像并非来自戴维森和革末的实验，因为戴维森和革末使用的是晶体衍射电子，电子光斑呈晶体状分布，不太直观。

从下图最左边看起，电子毫无疑问是粒子，按理说电子应该在观察屏上形成两道光柱。但最后（最右图）却形成了波才有的干涉条纹。可能有细心的读者已经注意到干涉条纹形成时电子数量高达 70000 个，会不会是电子数量太多相互拥挤碰撞导致干涉条纹？但减慢发射电子的速度，确保一个电子出现在观察屏后再发射下一个电子，结果仍然会形成干涉条纹，只是会多花点时间。

7个电子　　100个电子　　3000个电子　　70000个电子

电子双缝实验得到的干涉图样：每秒约有 1000 个电子抵达探测屏，电子与电子之间的距离约为 150km，两个电子同时存在于电子发射器与探测屏之间的概率微乎其微。图中每一亮点表示一个电子抵达探测屏，经过一段时间，电子的累积显示出干涉图样。（© 维基 / 公版）

作为电子的粒子在通过双缝后却变得像波，形成了干涉条纹，这自然激起了科学家的好奇心，电子通过双缝时到底发生了什么，导致干涉条纹的出现？然而更诡异的现象出现了，如果在双缝前架设观察测量仪监视电子如何通过双缝，**奇迹发生了**，干涉条纹消失了，取而代之的是双缝后面的两列光柱。

还有个间接了解电子如何通过双缝的简单方法，就是先关闭一条缝，让电子一次只能通过一条缝。比如先关闭左边的缝口，让电子只能通过右边的缝口；之后再关闭右边的缝口，让电子只能通过左边的缝口，实验结果同样是干涉条纹消失了，取而代之的是双缝后面的两道光柱。

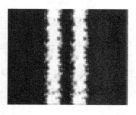

2012 年，内布拉斯加大学林肯分校的物理系研究团队实现了理查·费曼所描述的双缝思想实验。该实验使用最新仪器，可以随意控制每一条真正狭缝的关闭与开放。实验结果符合量子力学的量子叠加原理，演示出电子的波动性。该实验还实际探测到电子一个一个抵达探测屏，演示出电子的粒子性。（© 维基／公版）

为了叙述方便，这里将作为粒子的电子落在观察屏的位置分别命名为 A1 和 A2；因为作为波的电子会铺满整个观察屏，所以只比较电子波最为集中的位置，并分别命名为 W1、W2、W3、W4、W5、W6、W7。结果很明显，作为粒子的电子不可能抵达 W1 这个位置，相反，作为波的电子却最喜欢在 W1 扎堆。

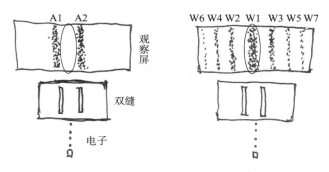

作为粒子的电子不可能抵达 W1 这个位置，
相反，作为波的电子却最喜欢在 W1 扎堆

　　电子衍射实验的结果震惊了彼时的物理学界，不仅是因为电子同时通过双缝时表现得像波，通过单缝时表现得像粒子，毕竟电子衍射实验初衷就是验证电子的波粒二象性，**而是该实验同时表明电子波是概率波！**

　　概率说到底是个统计学概念。比如常见的抛硬币，硬币落地是正面还是反面向上的概率各为 50%，这句话不难理解，但 50% 概率的实现需要抛硬币的大数据统计。如果你只抛硬币一次，对你而言结果 100% 是正面，或 100% 是反面。只有抛硬币的次数足够多，50% 的概率才会显现出来，比如你抛硬币 1000 次后，正面出现 502 次，反面出现 498 次，50% 概率则呼之欲出。

　　电子衍射实验中，一个作为波的电子是不会产生干涉条纹的，与作为粒子的电子一样只是落在观察屏上的一个点；区别仅在于一个作为波的电子只会随机落在观察屏上任意一点，其中落在 W1~W7 的概率远大于落在观察屏其他位置的概率；而作为粒子的电子只会落在 A1 或 A2。如果通过双缝的作为波的电子数量不足（比如电子衍射实验刚发射了 7 个电子的时候），又碰巧多落在 W1 之外，甚至会得出 W1 并非电子波落屏最大概率位置的失真结论。只有通过双缝的作为波的电子数量足够多（电子衍射实验中发射了超 70000 个电子的时候），观察屏上的干涉条纹才清晰可见。简单来说，**电子波干涉条纹的形成和抛硬币出现的正反面次数一样，都是大数据统计的结果，这就是电子波是概率波的铁证**！

当然严谨地说，多次抛一枚硬币来观察正反面出现的概率的情况，更适用于形容围绕原子核运动的电子云；一枚硬币只抛一次，但要抛 70000 次硬币的情况才是电子衍射实验的最佳比喻。

面对电子衍射实验的结果，两位物理大咖玻恩和费曼都指出电子波是概率波的事实。玻恩是与海森堡齐名的德国物理学家，位居量子力学创始人之列。玻恩注意到**作为波的电子并非均匀落在观察屏上，而是一些位置电子多一些，一些位置电子少一些**。于是玻恩猜想作为波的电子是一种概率般的存在，屏

理查德·费曼（© 维基 / 公版）

上最明亮（电子光斑最多）的位置就是电子落在观察屏上概率最大（强）的地方，一如水波两个波峰相遇或两个波谷相遇彼此加强的情形；反之屏上黯淡（电子光斑较少甚至电子光斑为 0）的位置就是电子落在观察屏上概率较小（弱）的地方，一如水波波峰和波谷相遇彼此抵消的情形。

　　至此概率波登上物理学的历史舞台。撑起今天物理学半边天的量子力学三大支柱——不确定原理、互补原则、概率波，终于齐聚一堂。

　　但玻恩只解释了实验结果，并没有给出相关理论和物理方程。而给出电子波概率方程的是费曼，即大名鼎鼎的费曼路径积分法。

　　费曼的关注点在**作为波的电子竟然大多落在**（作为粒子的电子不可能抵达的）**观察屏居中的位置 W1**。因此，费曼猜想一个作为波的电子在通过双缝时曾经尝试多种路径，或通过左缝或通过右缝，或瞬间一分为二同时通过双缝后再合二为一抵达观察屏，或先通过左缝然后折返，再通过右缝抵达观察屏，又或先通过左缝，之后去银河系兜了一圈风，再返回通过右缝抵达观察屏……

　　实际上费曼认为，一个作为波的电子在通过双缝时尝试了所有可能的路径，通过对所有可能的趋向无穷的路径进行积分求和，就能够计算出电子波概率的统计结果，即一个作为波的电子最有可能出现在观察屏的位置，这就是费曼路径积分法。

　　理查德·费曼在量子力学领域是不折不扣的晚辈。公元1918 年出生于美国纽约，戴维森和革末搞电子衍射实验时，费曼还只是个小学生。但费曼天赋异禀，24 岁即参加了研制原子弹的"曼哈顿计划"，成就不在玻尔、海森堡和玻恩之下，是量子电动力学创始人之一。

　　关于费曼的路径积分法的科普文章多有标题党的嫌疑，上文中"电子先去银河系兜了一圈儿风，再返回通过右缝抵达观察屏"的举例就引自某科普文章。这里并没有贬义，就是因为这句"电子去银河系兜风"，被高考刷题搞得对物理和数学已经生理厌恶的自己，内心才重燃对物理的兴趣。但这样的形容的确让人们对费曼的路径求和法容易产生误解。无论是电子"去银河系兜风"还是"瞬间一分为二，同时通过双缝后再合二为一"皆不是费曼的本意。

费曼的本意是说，"一个电子表现像波的时候会在通过双缝时自己与自己发生干涉，尝试各种路径，这相当于在双缝之间再开出第三条缝、第四条缝、第五条缝……即便是先去银河系兜风这样看似荒唐的路径，也无非是双缝中多出的一条缝。数学上就是个积分求导问题。"

下面就是费曼的路径积分公式：

$$\int_{x_1}^{x_N} D\big[x(t)\big] \equiv \lim_{N \to \infty} \left(\frac{m}{2\pi i\hbar\Delta t} \right)^{(N-1)/2} \int dx_{N-1} \int dx_{N-2} \cdots \int dx_2$$

这里有必要解释一下，为什么费曼认为当电子表现像波时，自我干涉就相当于在双缝之间增开新缝。

实际道理也简单。水波通过双缝时也会发生相互干涉，但水波具有客观实在性，不受不确定原则影响，所以无法自发形成自我干涉，要增加水波的干涉模式数量（波幅的强度）需要在双缝间增开新缝。电子的能量波幅会自发形成自我干涉，不需要真在双缝之间增开新缝。但就数学而言，两者都是波幅振荡强度与处于叠加态的干涉模式数量正相关的运算，按费曼的说法"数学上就是个积分求导问题"，实际上费曼的路径积分公式就是泛积分函数的求导式。

积分和求导都属于微积分范畴，这里大致介绍下微积分概念。求曲线面积曾是一个数学领域的世纪难题，而通过将曲线面积分割为数个矩形面积之和（见右图），就可以得到曲线面积的近似值。分割的矩形面积越多，得到曲线面积的近似值就越精确，这种方法在数学上就叫"积分"。

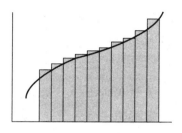

　　而微积分的"微分"就是字面意思，不断"分割"下去，没有最小只有更小，**无限趋近于 0 但绝不等于 0**，这样解释起来麻烦一点，需要图文结合。

　　见左下图，一个曲面积分，图中 Δy 和 Δx 部分的比值，记作 $\Delta y/\Delta x$，就是斜率，也就是图中直线 a'、b'。然后对 $\Delta y/\Delta x$ 开展微分，数学上就是 $\Delta y/\Delta x$ 取值越来越小，无限趋近于 0 但绝不等于 0；见右下图，几何图形看来就是 Δy、Δx 和曲线 ab 构成的类似三角形的图形不断缩小，最后几乎落在曲线 ab 上成为一个点 h，此时 $\Delta y/\Delta x$ 的比值也就是斜率为直线 cd。这个过程就是微分求导。**不难看出，虽然斜率随着 $\Delta y/\Delta x$ 比值变化而变化，但始终是一个有限的值。**

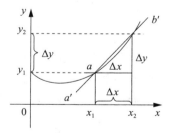 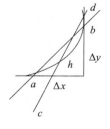

　　公元 17 世纪，现代物理学创始人牛顿和出身德国莱比锡的数学天才莱布尼茨各自发现积分求面积和微分求导（求斜

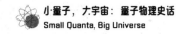

率）互为逆运算，人类科学史上最重要的数学工具微积分的完全体终于浮出水面。

费曼路径积分法的底层逻辑就是微分求导。费曼的路径积分法对双缝进行"微分"，实际上也就是对电子波的初始能量波幅不断"微分"。能量波幅概念有些陌生，这里先以大家熟悉的水波来举例。水波是有一个初始波幅（波峰和波谷）的，**通过双缝时**被双缝"分割"，一个波幅变成两个波幅，**通过双缝之后**两个波幅会再度合二为一。假设水波初始波幅为 b，通过双缝时被切割为波幅 $b1$ 和 $b2$，通过双缝后再度合二为一的水波波幅为 b'，则 $b'=|b1+b2|^2$。继续微分双缝，假设双缝极限值为 x，则 $b'=|b1+b2+b3+b4\cdots+bx|^2$，可见随着波幅叠加数量的增长，波幅 b' 的强度呈指数级增长。

同理，一个作为波的电子通过双缝时也会被"分割"。按费曼的说法被"分割"的是电子波的能量波幅，因为电子在薛定谔眼里就是围绕原子核不断涨落的特定波段的能量辐射，但能量波幅也满足 $b'=|b1+b2+b3+b4\cdots+bx|^2$。所以一个作为波的电子通过双缝（多缝）时会处于多条路径选择的叠加态，也是初始能量波幅不断被"分割"，再重新聚合，电子波的能量波幅得以不断被加强的过程。其中，能量波幅强度最大（最高波峰）在观察屏落脚的位置就是一个作为波的电子在"尝试"所有可能的路径后实现概率最大的路径，也就是我们会在观察屏上看到的结果，这就是费曼的路径积分法的思路。

对微积分熟悉的读者可能已经注意到了，用水波通过多缝比喻电子波自我干涉似乎有个巨大"缺陷"。无论水波通过双缝还是多缝，水波都会径直抵达观察屏；换句话说，无论水波通过双缝还是多缝，水波抵达观察屏花费的时长都是相同的。如果用双缝"微分"拟态一个作为波的电子抵达观察屏的无穷路径，就必须确保一个作为波的电子抵达观察屏的每条路径花费的时长也是相同的。

实际上，一个作为波的电子通过双缝抵达观察屏有无穷可能的路径供选择不假，但"选择"也并非随心所欲，也是有底线的，就是要满足最小作用原理。

最小作用原理又名莫佩尔蒂原理，由法国数学家皮埃尔 · 路易 · 莫佩尔蒂于公元 1744 年发现。最小作用原理指出自然界中作用量趋向最小值。莫佩尔蒂的前辈，法国数学家皮埃尔 · 费马早在公元 1662 年即提出过有名的"最短时间原理"，光线传播会走需时最短的路径，也就是两点间距离最短的路径——直线。而最小作用原

莫佩尔蒂（© 维基 / 公版）

理进一步解释了为什么光传播会走直线，因为光的传播路径要满足作用量最小原理。

所谓作用量，莫佩尔蒂认为就是质点（物体）移动距离和移动速度的乘积。因为光速不变，满足作用量最小原理的光就只有走两点间距离最短的路径，换句话说就是需时最短的路径。最小作用原理适用范围不仅限于光，还适用于宇宙中几乎所有物体，电子传播路径也满足作用量最小原理。

电子传播路径也满足作用量最小原理有证据吗？

电子衍射实验就是证据！提及电子衍射实验，大家的关注点都是电子如何通过双缝，却忽略了另一个现象，电子通过双缝抵达观察屏的时间。无论电子是粒子还是波，无论电子落到观察屏何处，时间不变。通俗地说，实验中没有人为改变电子初速度或电子发射器与双缝、双缝与观察屏之间距离的前提下，作为粒子的电子和作为波的电子通过双缝抵达观察屏的时间相同。

一个作为波的电子通过双缝时发生了自我干涉，处于无穷种路径（或通过左缝或通过右缝，或瞬间一分为二同时通过双缝后再合二为一抵达观察屏，或先通过左缝然后折返，再通过右缝抵达观察屏，又或先通过左缝，之后去银河系兜了一圈风，再返回通过右缝抵达观察屏……）的概率波叠加态中，但在最小作用原理之下，这个电子最终只得"无奈"地选择最短时间内抵达观察屏的那一条路径，以一个完整的电子落在观察屏上。

结果费曼的路径积分法大获成功，其计算结果预测的一个作为波的电子能量波幅的最高值，也就是电子在观察屏上出现概率最高的地方，即观察屏正中位置 W1。这与电子衍射实验中电子实际干涉条纹图像完全吻合。

费曼是幸运的，虽然路径积分法也视电子波为概率存在，但积分法提出已经是公元 1948 年，彼时物理学界对量子不确定性已经被动接受。但二十年前率先提出概率波假说的玻恩就没有这个好运气了。

玻尔和玻恩（© 维基 / 公版）

　　玻尔和玻恩一再强调概率波的不确定性与物理学的客观实在性不冲突，因为波长大小限于亚原子尺度的概率波相对宏观层面的庞然大物而言，实在太渺小了，小到微不可察。例如一个电子（概率波）的波长仅约 10^{-17} 米，而常见的一粒普通的沙粒半径就有约 0.1 毫米，即 10^{-4} 米；沙粒主要成分是二氧化硅，由硅原子、氧原子和共价电子构成的晶体，一颗 10^{-4} 米半径的沙粒里面就塞满了大约 10^{19} 个电子。因此玻尔和玻恩断言：包括电子在内的所有波粒二象性的基本粒子，其概率波的不确定性并不会在宏观大尺度层面对物体客观实在性产生任何实质性影响。

　　但概率波的存在对视客观实在性为基石的现代物理学而言，仍然是一记当头棒喝。物理学不是要科学地解释我们是谁、我们从哪里来吗？不是研究客观事实，寻找客观规律的吗？研究来，研究去，到头来就一句"随缘"，客观事实也好，客观规律也罢，都是随机的概率产物。玻恩作为概率说的提出者，顿时遭到了彼时物理学界的"口诛笔伐"，其中反对最强烈的就是说出了那句名言"上帝不会掷骰子"的爱因斯坦和"薛定谔猫"的主人薛定谔。

薛定谔曾质问玻恩："你说电子波是概率波，那么电子的概率波在受到观察的扰动后波函数坍塌，变为一个百分百存在的电（粒）子，这背后的物理机制是什么？"此时力挺玻恩的玻尔站了出来替玻恩解围。彼时，海森堡、玻尔和玻恩皆来自哥本哈根大学，后来**理论物理学界便将玻恩的概率波假说、海森堡的不确定性原理和玻尔互补原则统称为量子力学的"哥本哈根诠释"**。

玻尔认为薛定谔这个问题没有意义。前面已经介绍过玻尔的互补原则，认为基本粒子是波还是粒子取决于观察方式，由波到粒子或由粒子到波**这两者之间并不存在什么演变机制和因果作用律**（注释 12）。所以电子是波还是粒子也仅与观察手段相关。

玻尔的回答乍听上去像是诡辩，结果惹恼了同样坚决反对概率说的爱因斯坦。公元 1927 年的第五届索尔维会议（注释13）上，爱因斯坦和玻尔还因情绪激动一度吵了起来。两位物理大神都将物理学抛在了一边，像今天键盘侠一样互相抬杠攻击。爱因斯坦质问玻尔"难道月亮在那里，你不看就不存在了吗？"这里爱因斯坦显然偷换概念，将观察等同于用眼睛看，而且将微观现象直接套用到宏观物体。玻尔也不客气，直接给爱因斯坦扣一顶"保守"的大帽子。说一个科学家保守，堪比在一个传统社会质疑一个女人的贞洁，会场气氛立即剑拔弩张。好在两人当晚就冷静下来，恢复了科学家应有的理性，重拾科学之剑来"决斗"。

先向哥本哈根诠释"发难"的仍然是薛定谔。玻恩的概率波假说没有自己的波函数方程，费曼的路径积分法还要等十多年才登场，当年玻恩是借助薛定谔方程来描述概率波。因为薛定谔方程也可用于描述电子的衍射现象，同时薛定谔方程不能解释这不断能量跃迁的电子波本质是什么。就像当年牛顿的万有引力方程，能计算引力大小却无法解释引力到底是什么一样。

实际上薛定谔方程用波函数成功描述了围绕原子核的电子如何实现能量跃迁。根据薛定谔方程的描述，传统的原子观念是错误的，不仅没有所谓围绕原子核的能量轨道，连原子自身都不存在，本体只有原子核和受到原子核束缚的电子波"潮起潮落"般地能量跃迁。玻恩则进一步指出，电子波"潮起潮落"的时机，以及出现在原子核附近某个具体位置都是随机概率事件。这让坚信客观存在是现代物理学不动基石的薛定谔大为恼火，认为这个概率波结论是玻恩"强加"给他的方程的。"虽然我薛定谔也不知道我的方程描述的到底是什么波，但轮不到你玻恩胡说！"

今天我们知道玻恩是对的，因为我们已经可以看到原子的图像。电子的概率波遮云蔽日般将原子核"包裹"了起来，

电子概率云 ©sci pills

这些"包裹"原子核的电子概率波又被形象地命名为电子（概率）云。上页图就是"包裹"原子核的基态电子的云轨迹，其像一个球体一样把原子核围在正中央，轨迹云密度最大的区域（图中高亮的区域）就是电子出现概率最高的区域。

当然，"包裹"原子核的不只有基态电子。我们将视野放远，就会看见在基态电子云外还裹着一层更高能量态的电子云，图中明亮部分就是上图中的基态电子云。

换个角度（左图）明显看到基态和高能量态之间有空白，这证明了电子波跃迁是不连续的，这也解释了当年玻尔等人误以为电子有轨道的原因。

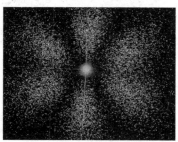

高能量态电子不止一层，而且"包裹"方式更为多样。如左上图，氢原子最外层电子云，也就是最高能量态氢电子轨迹（模拟）之一，图中高亮区域都是电子高频率出现过的位置。我们每个人就是由电子概率云和原子核构成的。

电子概率云 ©sci pills

到这里，大家对原子的真面目应该有清晰直观的印象了吧。但在大于亚原子尺度上观察原子，所有电子的云轨迹聚集在一起就像一个球体。想象一架正在空中翱翔的活塞式飞机，机翼上快速飞转的螺旋桨从远处看是不是像一个圆球。但我们知道"圆球"并不存在，只是螺旋桨围绕旋轴转动产生的错觉。这里"圆球"相当于原子（电子云），螺旋桨相当于电子，旋轴相当于原子核。

　　但彼时人们还无法直接观察到原子，薛定谔坚决反对玻恩的假设。鉴于玻尔和玻恩宣称概率波的不确定性在宏观大尺度层面对物体客观实在性没有影响，或影响几乎微不可察，于是薛定谔自己设计了一个思维实验：一只猫被关在一个密封的盒子里，没有人知道里面的情况，盒子里有一瓶毒药，这瓶毒药由一个特殊装置启动，这个特殊装置由某一种原子的 β 衰变决定，当其发生衰变时，毒药被释放出来，猫被毒死；如果该原子并未发生衰变，则毒药不会被释放，猫是活的。根据量子理论，该原子有一定概率发生衰变，也有一定概率未发生衰变。这样，在观察这个密封盒子之前，盒子里的猫岂不既是死的，又是活的，处于非死非活的叠加状态。现代物理学上那只古怪的猫——薛定谔的猫诞生了。

薛定谔的猫：一只猫，一瓶毒药，一个与盖革计数器相连的放射源被放置在一个密封的盒子里。如图所示，物体处于叠加状态：猫既是活的，也是死的。（© 维基 / 公版）

面对薛定谔的猫，玻尔和玻恩还能说概率波的不确定性在宏观大尺度层面对物体客观实在性没有影响吗？这只薛定谔的猫还真把玻尔和玻恩难住了，实际上玻尔和玻恩一直没有正面回应薛定谔的猫是死还是活。直到二十多年后，美国物理学家埃弗雷特三世提出平行宇宙理论，量子力学终于开始正面挑战薛定谔的猫到底是死是活这个难题。

埃弗雷特认为薛定谔方程描述的波函数从不曾坍塌，而是每一个概率、每一种可能都是一个世界、一个宇宙。我们存在的宇宙只是其中的一个。埃弗雷特的平行宇宙论随着科幻小说和电影的热潮，一度名声在外，成为最受大众欢迎也是知名度最高的物理学理论。

结果玻尔本人对平行宇宙理论并不感冒。因为哥本哈根诠释认为所谓波函数坍塌背后就是波粒二象性，而埃弗雷特的平行宇宙论试着去解释波函数坍塌行为本身就与哥本哈根诠释格格不入。玻尔对平行宇宙论的冷漠让视玻尔为偶像的埃弗雷特大为灰心，以致最后退出了物理学界转战商界。

又过了大约二十年，德国物理学家汉斯·德默尔特又提出了退相干理论，才算正式给薛定谔猫的死活一个合理的说法。

退相干理论与平行宇宙理论可谓一对孪生兄弟。平行宇宙是一个历史事件一个宇宙，退相干理论是宇宙只有一个，但历史事件有无限个。以薛定谔的猫为例，平行宇宙认为有两个宇宙，一个宇宙里猫活了下来，另一个宇宙里猫死了。退相干理论则认为宇宙只有一个，但猫有生与死两个历史结局。最终结果取决于退相干过程，退相干后发生在薛定谔的猫身上的历史结局只有一个会成为现实。

所以，了解退相干理论的关键是搞清楚什么是"退相干"。电子衍射实验中概率波的电子自己与自己发生相互干涉，在观察屏形成干涉条纹；之后待概率波的电子受到适当观察成为实在的粒子，不再与自己发生相互干涉，观察屏上的干涉条纹便会消失，转而留下两道光柱，这个过程就是退相干。**简单说"退相干"就是基本粒子由概率波转变为粒子。**

汉斯认为基本粒子的概率波形态仅限单个孤立的系统，比如一个光子或一个电子。而宏观宇宙事物都不是孤立事件，彼此相互联系，单个基本粒子的概率波在宏观层面完全没有施展的时间和空间。

原因很简单，观察并不是单纯地用眼睛看（电磁力），所有相互作用力，弱力、强力、引力也都是观察手段。就像你在看书，书本受到你视线的光子撞击。同时，书和你一起受到空气中的分子、来自太阳的炙热光子、在宇宙四处游荡的高速粒子如中微子、宇宙深处的黑洞引力波、宇宙诞生之初大爆炸的微波余威的冲撞。组成我们自己和书本的原子、分子彼此间也相互作用碰撞。实际上我们无时无刻不在被环境和我们自己观察，被数量高达 10 的几十次方的粒子不停撞击。

根据退相干理论的数学公式计算，一粒普通大小的灰尘，其基本粒子的概率波在 10^{-36} 秒内就在数量浩瀚的粒子撞击中消失殆尽。而我们日常生活的宏观宇宙是事物数量庞大、结构复杂的整体。像猫这样由 10^{29} 个基本粒子组成的庞然大物退相干的速度更快。所以，薛定谔的猫在盒子被打开之前，就已经被时空中不计其数的粒子撞击，被时空无数次观察，非死非活的概率波早已经坍塌。盒子打不打开，猫都只有一个状态，死

亡或活着。

但这个理论只能算最接近解答世纪难题，因为退相干理论有一个大软肋。退相干对基本粒子如何从发散概率波，通过被观察转变为井井有条的宏观世界能够自圆其说，但无法解释为什么概率波坍塌后宇宙会变成我们现在的样子，而不是其他样子，比如恒星反过来围绕行星转动，时空在加速收缩。通俗地说，就是退相干可以证明概率波在宏观层面一定会坍塌，但没有说清楚概率波坍塌后结果的唯一性从何而来。

较之薛定谔猫的"杀伤力"，爱因斯坦亲自出马的思想实验可谓一败涂地。爱因斯坦的思想实验反倒启发了一众物理学后辈，在他们对"哥本哈根诠释"前仆后继的挑战下，终于努力验证了"哥本哈根诠释"的正确。

第❽章

爱因斯坦 VS 玻尔·量子纠缠

爱因斯坦在索尔维会议上提出的思想实验和自己的广义相对论自相矛盾，因而轻易被驳倒，看来老爷子真的被概率波气坏了。经过一段时间沉淀，公元 1935 年，爱因斯坦联手另外两位物理学家波多尔斯基和罗森共同推出了 **EPR** 悖论。**EPR** 正是爱因斯坦、波多尔斯基、罗森三人名字的首字母。

EPR 悖论集中火力攻击量子力学的概率论。**EPR** 悖论的思路，简单说就是假设有一个不稳定的自旋为 0 的粒子 A，一段时间后 A 会衰变为两个完全分离、不再发生相互作用的粒子。A 自旋为 0，即角动量为 0，根据角动量守恒定理，可以确信 A 衰变后的两个粒子其中一个是上自旋（+1/2），另一个是下自旋（–1/2）。1/2 即角动量 $\hbar/2$，$\hbar$ 即约化普朗克常数，取值 h/（2π）。为了描述方便，这里将 A 衰变后的两个粒子命名为 a1 和 a2。

量子力学"哥本哈根诠释"认为，一个基本粒子在被观察引发其波函数坍塌前就是包含多种可能性的一片概率波。那么

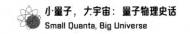

A 衰变后诞生的两个粒子在被观察测量前也应该是概率波，也就是说 A 衰变后诞生的两个粒子 a1 和 a2 在被观察测量前都有 50% 可能是上自旋，50% 可能是下自旋。

待两个粒子分开一段很长的距离后，比如彼此距离一光年之后，我们随机选择对其中一个粒子 a1 进行观察测量。假设 a1 粒子概率波坍塌后成为上自旋，根据角动量守恒定理，另一个粒子 a2 毫无疑问是下自旋。**注意，此时两个粒子已经相距一光年距离，a1 波函数坍塌成为上自旋粒子的同时，a2 也波函数坍塌成为下自旋粒子，这意味着 a1 和 a2 这两个粒子间发生了某种超光速信息"交流"。**

而光速是相对论允许的最大速度，除非宇宙诞生时已自带超光速属性，否则宇宙万物的运动速度无法超过光速。据此爱因斯坦认为，对 **EPR** 悖论唯一合理的解释应该是 A 粒子衰变后产生的两个粒子 a1 和 a2 已经是确定的，但由于客观条件（比如尚不了解的"隐变量"）的限制，不能在观察前通过计算预测，只能通过观察测量后才能区分 a1 和 a2。通俗地说，a1 和 a2 在被观察测量前就已经存在，只是我们观察者自己不知道而已。如果我们测量 A 粒子衰变后产生的两个粒子其中一个发现是 a1，自然另一个粒子就是 a2。a1 和 a2 之间并未发生过什么超光速的信息"交流"。

但爱因斯坦携 **EPR** 悖论自信满满找到玻尔时，玻尔依然不为所动，并对 **EPR** 悖论不屑一顾。

爱因斯坦："你要修改相对论？"

玻尔："相对论没问题。"

爱因斯坦："那你到底什么意思？"

玻尔："问题出在 **EPR** 悖论本身,这个悖论就不存在。"

爱因斯坦:"……"

玻尔指出 **EPR** 悖论的公设就是错误的,是对"哥本哈根诠释"的误读。既然 A 衰变后的产物在被观察测量前还是概率波,那么"A 会衰变为两个完全分离、不再发生相互作用的粒子"这个结论又是如何得来的?"哥本哈根诠释"里的概率波理论是对粒子基本属性的阐述,不能"选择性使用",A 衰变时不考虑概率,而检验衰变产物角动量守恒时又考虑概率了。

通俗说,"哥本哈根诠释"认为概率 A 衰变后的产物在被观察测量前并不是完全分离、不发生相互作用的两个粒子,而仍然是纠缠在一起的一片概率波,一个粒子(整体),这就是所谓"神秘"的**量子纠缠态**。因此对爱因斯坦来说,一个粒子先后发生共两次的波函数坍塌,在玻尔眼里就一个粒子发生一次波函数坍塌,**EPR** 悖论所谓两个粒子间超光速的信息"交流"根本不存在。

为了交代清楚爱因斯坦和玻尔看法之间的区别,这里暂且用一个黑箱比喻 A 粒子衰变产物尚未被观察测量时的状态,用红球和黑球比喻 A 粒子衰变后的产物 a1 和 a2,从黑箱中拿出彩球比喻对 A 粒子衰变产物进行观察和测量。

按照爱因斯坦等人提出的 **EPR** 悖论的说法,a1 和 a2 是客观存在的,只是我们观察者在观察前自己无知罢了。这相当于有两个黑箱,每个黑箱有两个凹槽。其中一个黑箱左边凹槽放着一个红球,右边凹槽放着一个黑球,另一个黑箱左边凹槽放着一个黑球,右边凹槽放着一个红球。但黑箱外的我们对此一无所知。

而按照玻尔的**量子纠缠态**的说法，观察前唯一存在的就是概率波 A，没有什么 a1 和 a2，或者说 a1 和 a2 还纠缠在一起无法区分。这相当于黑箱的两个凹槽各放着的是一个在红色和黑色间有规律切换的彩球，我们唯一确定的只有黑箱内两个彩球始终在红黑色间来回切换，但只要有一个彩球被拿出黑箱，两个彩球都将停止变色。也就是说，一个球正好是红色时候被你随机从黑箱中抽出，这个球就不再变色而成为一个真正的红球，同时黑箱内剩下的彩球无论是红色还是黑色都不再变色。因为 a1 和 a2 一旦被观察测量，概率波就坍塌不复存在。

现在开始对 A 粒子衰变产物进行观察测量，即开始从每个黑箱中随机拿出一个彩球。从两个黑箱中拿出彩球只有四种方式，只从两个黑箱的左边凹槽拿彩球，只从两个黑箱右边凹槽拿彩球，分别从第一个黑箱左边凹槽和第二个黑箱右边凹槽拿彩球，分别从第一个黑箱右边凹槽和第二个黑箱左边凹槽拿彩球。

如果是爱因斯坦的黑箱，四种不同的拿彩球方式分别对应唯一的结果：一个红球一个黑球，一个黑球一个红球，两个红球，两个黑球。

但如果是玻尔的黑箱，由于黑箱两个凹槽的彩球相互在红色和黑色间有规律切换，四种不同的拿彩球方式不再分别有唯一的结果，而是每种拿彩球方式都有四个可能的结果：一个红球一个黑球，一个黑球一个红球，两个红球，两个黑球。

到底谁是正确的？逻辑上讲玻尔的看法更严谨，但有实验可以验证吗？从上面黑箱例子看来，要验证 **EPR** 悖论似乎没有什么难度。问题是用彩球比喻粒子容易，现实中粒子自旋可不像彩球变色这么简单，而要观察测量一个粒子却难似登天。**不确定性原理是观察测量基本粒子的重要阻碍。**

虽然爱因斯坦等理论物理学家不认同量子力学是完备的而对量子力学的概率波和互补原则进行大肆抨击，但对不确定性原理却"网开一面"。因为不确定性原理是一种普遍的微观物理现象，非常容易被观察到。

EPR 悖论提到的**粒子自旋也是不确定原理的产物**。自旋这个词非常容易让人联想到星球的自转，但实际上粒子自旋和星球自转完全是两回事。**首先星球自转只是运动，**比如我们的地球，无论自转角动量如何变换地球还是地球，即使有一天地球的自转停止了，地球也还是地球；**而粒子自旋是粒子内禀属性，**粒子自旋角动量大小决定着粒子种类，自旋为 1 是玻色子，自旋为 0 就是希格斯粒子了。

其次，粒子自旋的角动量是不连续的，因为量子运动都是不连续的（唯一需要时刻牢记的量子世界基本原则）。用一个不太严谨的比喻来说，如果星球自转像一个陀螺在 360° 旋转，那么粒子自旋就类似一个人在单脚跳绕圈。

同时粒子自旋满足不确定原理。实际上粒子自旋就是不确定原理的产物。一个基本粒子动量为 0，待在原地不动的时候，我们仍然无法同时获知该粒子的动量和位置，因为粒子自旋的角动量具有不确定性。

观察一个基本粒子的自旋，可以知道自旋是顺时针或逆时针，但自旋的轴心朝向是不确定的，因为粒子自旋轴心可以朝着任何方向。如果去测量粒子自旋轴心的朝向，就会破坏粒子的自旋。以竖直方向去测量粒子自旋，粒子会沿上下方向顺时针或逆时针自旋；如果以水平方向去测量粒子自旋，粒子会沿左右方向顺时针或逆时针自旋；而被测量前粒子的自旋轴心朝向依然成谜。不确定性原理让通过测量粒子自旋来检验 **EPR** 悖论和量子纠缠态的对错成了不可能的任务。

　　这一等就是三十多年，直到公元 1964 年贝尔提出了著名的贝尔不等式：

$$|Pxz-Pzy|<=1+Pxy$$

　　照例不用在意贝尔不等式的数学演算，只需知道这个不等式到底在说什么。爱尔兰物理学家约翰·贝尔发现可以不用考量粒子被测量前的自旋轴心朝向，仅仅通过观察粒子自旋轴心朝向随测量而改变的规律，就可以完成对 **EPR** 悖论和量子纠缠态对错的检验。因为随着对粒子自旋认识的深入，物理学家们发现粒子自旋轴心朝向在被观察测量时发生改变是有规律可循的。竖直方向去测量粒子自旋轴心朝向，有 50% 可能上自旋，有 50% 可能下自旋；水平方向去测量粒子自旋轴心朝向，有 50% 可能左自旋，有 50% 可能右自旋；**如果以一个夹角（比如仰望天空 45°）去测量粒子自旋轴心朝向，其自旋轴心朝向概率与夹角一半的余弦平方成正比，而不再是 50%**。比如与竖直方向成夹角 60° 去测量一个粒子自旋轴心朝向，有 75% 可能是上自旋，只有 25% 可能是下自旋。

　　于是贝尔设计了一个思想实验，大概思路是这样的：当 A 粒子衰变后，两组相隔适当距离的观察者开始对粒子衰变产物 a1 和 a2 进行观察测量。a1 观察组的粒子探测器会先于 a2 观察组粒子探测器检测到粒子，但两组观察都是独立的，每次测量随机从三个方向对粒子自旋进行测量。为了叙述方便，我们将三个方向命名为左中右。这意味着如果 a1 观察组选择方向的顺序是左中右，一边的 a2 观察组选择方向的顺序既可能是左中右，也可能是左右中，或中左右。

假设 a1 观察组选择左中右方向，观测到 a1 自旋分别是上自旋、上自旋和下自旋；如果 a2 观察组选择的也正是左中右方向，那么根据角动量守恒定理，观测到的 a2 自旋应该是下自旋、下自旋和上自旋。

但如果 a2 观察组选择的是不同的中左右方向，意味着 a1 观察组在竖直方向上观测 a1 自旋，而 a2 观察组在竖直夹角 60° 方向上观测 a2 自旋，**关键部分来了：** 因为角动量守恒仅限同一方向，竖直方向的上自旋仅对应竖直方向的下自旋，与其他方向无关。同理，竖直夹角 60° 方向的上自旋也仅对应竖直夹角 60° 方向的下自旋。这里 a1 观察组在竖直方向上观测 a1，而 a2 观察组在竖直夹角 60° 方向上观测 a2，意味着可能出现 a1 和 a2 都是上自旋的结果。只不过 a1 是竖直方向的上自旋，a2 是竖直夹角 60° 方向的上自旋。那么，同时观察到 a1 和 a2 上自旋或同是下自旋的概率有多大？

假设 a1 观察组已经在竖直方向上观测到粒子 a1 是上自旋，即 a1 左（上）；不用观察 a2 也可以肯定竖直方向上 a2 是下自旋，即 a2 左（下）。**但要想同时观察到 a2 也是上自旋，只有 a2 观察组正巧在夹角 60° 的两个方向中的一个方向观察测量 a2，即 a2 中（上）或 a2 右（上）。**

按照玻尔的回应，也就是**量子纠缠态**的说法，被测量前 a1 和 a2 仍然是一片概率波，一个整体，那么观察到 a2 中（上）**或** a2 右（上）的概率就是 2/3 × 3/4=1/2，50% 的可能。2/3 是

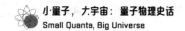

指左中右三个方向中有两个方向可能观察到 a2 上自旋，3/4 是竖直夹角 60° 方向时粒子上自旋的概率。

同理，假设 a1 观察组已经在竖直方向上观测到粒子 a1 是下自旋，即 a1 左（下）；那么观察到 a2 中（下）**或** a2 右（下）的概率就是 2/3 × 1/4=1/6，2/3 是指左中右三个方向中有两个方向可能观察到 a2 上自旋，1/4 是竖直方向 60° 时粒子下自旋的概率。

那么，同时观察到 a1 和 a2 上自旋或同是下自旋的概率就是（1/2+1/6）/2=1/3，约 33.3％ 的可能。

而按照 **EPR** 悖论的说法，由于粒子 A 衰变后 a1 和 a2 已经是客观存在，a1 和 a2 同是上自旋或同是下自旋的概率就是个简单的排列组合问题。计算这个排列组合的函数公式就是贝尔不等式。实际不用公式计算，手指计数都知道答案。

a1 观察组已经在竖直方向上观测到粒子 a1 是上自旋，即 a1 左（上）；那么 a1 和 a2 的观察结果如下：

a1 左（上） a1 左（上） **a1 左（上）** **a1 左（上）** a1 左（上），a2 左（下） a2 中（下） **a2 右（上）** **a2 中（上）** a2 右（下）。

a1 观察组已经在竖直方向上观测到粒子 a1 是下自旋，即 a1 左（下）；那么 a1 和 a2 的观察结果如下：

a1 左（下） **a1 左（下）** a1 左（下） a1 左（下） **a1 左（下）**，a2 左（上） **a2 中（下）** a2 右（上） a2 中（上） **a2 右（下）**。

那么同时观察到 a1 和 a2 同是上自旋或下自旋的概率就是（2/5+2/5）/2=2/5，有 40％ 的可能。

33.3% 对 40%，同时观察到 a1 和 a2 上自旋或同是下自旋的概率，"哥本哈根诠释"明显低于 EPR 悖论。所以贝尔不等式的伟大不在于函数公式，其计算难度并不大（注释 14），而是贝尔不等式后面的思想实验。

贝尔设计了思想实验并给出了贝尔不等式，但彼时技术条件仍然无法实现贝尔的思想实验。可谓万事俱备，只欠东风。又过去了近二十年，直到公元 1982 年，才由法国科学家阿兰·阿斯佩特设计出了可行的实验方法，通过对高能光子的轰击终于成功制造出贝尔思想实验所需的整体角动量守恒的一对粒子（光子）。

实验结果得到的概率数值表明，玻尔的**量子纠缠态**赢得了胜利，爱因斯坦等人的 **EPR** 悖论失败。**EPR** 悖论不仅没有击倒"哥本哈根诠释"，反而成全了"哥本哈根诠释"的量子纠缠态，将概率波论适用范围从物理属性推广到了物理事件。不久前揭晓的 2022 年诺贝尔物理学奖终于花落阿兰·阿斯佩特，这对阿兰本人来说可谓迟来了四十年的认可。遗憾的是，爱因斯坦和玻尔都在阿兰·阿斯佩特实验成功前先后去世，没能等到答案揭晓的那一天。

第 9 章

未来改变历史？

不 仅量子纠缠态，"哥本哈根诠释"基石的互补原则也得到了相关物理实验的证实。这一相关物理实验即大名鼎鼎的"未来也可以改变历史"的量子延迟选择和量子擦除实验。

美国物理学家约翰·惠勒设计量子延迟选择实验的目的，是验证"哥本哈根诠释"的互补原则是否正确。 延迟选择实验思路最初由惠勒在公元 1979 年的普林斯顿大学纪念爱因斯坦诞辰 100 周年讨论会上提出。同年，美国物理学者马兰与凯·德鲁还提出了量子擦除实验思路，该实验思路和惠勒的延迟选择实验可谓有异曲同工之妙。两个实验思路非常简单，都可以看作双缝实验的进击版本，两个实验都选择使用光子作为实验观察的对象，区别在于观察测量方式不同。

延迟选择实验将置于双缝前面的观察测量仪放到了双缝后面，等于先让光子通过双缝，然后再观察光子，实验也因此得名"延迟选择"。

量子擦除实验流程更为复杂。先让一个光子通过双缝，然后在双缝后设置一个独特的晶体,该晶体能吸收一个高能光子,然后让其衰变为两个能量更低但处于量子纠缠态的光子,这里将处于纠缠态的两个光子命名为 a1 和 a2。然后在 a1 传播路径上设置一个独立的观察屏,在 a2 传播路径上设置一个独立的观察测量仪,并通过适当的设置让 a2 走得距离更远,这样 a1 落到观察屏的时候,a2 还在前往观察测量仪的路上。实验者可利用这个时间差主动选择对 a2 传播路径实施观察或取消观察,实验因此得名"量子擦除"。

互补原则认为基本粒子的波粒二象性只与观察手段有关,一个基本粒子是波还是粒子都只与对该粒子正在实施的观察测量手段相关,有并且只有一个确定的测量结果,即要么是粒子,要么是波。这个确定的结果既与过去已经实施的观察手段和得到的测量结果无关,也与未来(可能)实施的观察手段和得到的测量结果无关。**如果互补原则正确的话,那么量子延迟选择和量子擦除实验中,对光子观察测量的结果,光子是粒子还是波只与正在实施的观察手段有关。**

延迟选择实验中,通过双缝已经在观察屏落下干涉条纹的光子,在双缝后的观察测量仪开始工作后,观察屏上原本的干涉条纹消失了,取而代之的是对应双缝的两列粒子光条。

而在量子擦除实验中,最初 a1 落到观察屏上形成的是干涉条纹。稍后待 a2 抵达观察测量仪后,如果实验者能够清楚知道 a2 来自双缝中的左缝还是右缝,原本 a1 落在观察屏上的干涉条纹会消失,变成一堆粒子光斑。之后实验者可以让 a2 再跑一段距离,用新的观察测量仪对 a2 进行第二次观察测量,以干扰第一次观察测量的结果,确保实验者又搞不清楚 a2 到底来自双缝中的左缝还是右缝，结果观察屏上 a1 的粒子光斑也再度变回了干涉条纹。**总之，a1 落在观察屏上的是粒子光斑还是干涉条纹，始终取决于正在对 a2 实施的观察测量方式。**

量子擦除实验和延迟选择实验的结果，都是"哥本哈根诠释"互补原则大获全胜。证实了光子是粒子还是概率波确实只与对其正在实施的观察手段相关。特别是量子擦除实验，实验结果最为明显。因为 a1 和 a2 是对纠缠态光子，对 a2 实施的观察测量也就是对 a1 实施的观察测量，结果 a1 和 a2 这对光子要么两个都是粒子，要么两个都是波。面对量子擦除实验和延迟选择实验的结果还要拒绝承认互补原则，就不得不选择放弃因果作用律这一更为基础的物理原则，接受"未来也可以改变历史"的荒唐结论。

但今天大家对量子擦除实验和延迟选择实验津津乐道的恰恰不是互补原则和"哥本哈根诠释"的又一次胜利，而是"未来也可以改变历史"这一极具现实魔幻主义的噱头。而始作俑者正是延迟选择实验的设计者惠勒，他给自己的实验取名就是"过去由未来决定"，可见物理学家才是最厉害的标题党。

看到这里，读者可能有点小失望，笼罩在量子力学身上的神秘感似乎褪去不少。但揭开真相身上的神秘面纱，正是现代科学的必由之路。如果你没有被"未来也可以改变历史"真相劝退，而且和我一样具备不逊于小学生的数学能力，就和我一起来继续掀开量子理论的神奇面纱，看看量子理论的真面目吧。

到这里，似乎"哥本哈根诠释"要一统量子力学了。自普朗克为人类打开量子力学大门以来，人类对构成包括人类自身在内的宇宙万物的最小单元，古希腊人的"理想原子"的质量和大小终于有了清晰的概念。通过普朗克常数，我们推导出了最小质量单元普朗克质量约 2.177×10^{-8} 千克，物质最小尺度单元普朗克尺度约 1.616×10^{-35} 米（1.616×10^{-33} 厘米），还推导出了时间的最小单元普朗克时间 10^{-43} 秒，即光子走过一段普朗克尺度需要花费的时间。

卢瑟福的发现又为人类打开了现实中大原子的内部世界，发现竟然还存在比原子还小还轻的基本粒子。原子由比原子小，比原子轻的电子、原子核组成，原子核则由更小更轻的质子和中子构成，而质子和中子则由更小更轻的夸克和胶子构成。电子、质子、中子、夸克、胶子，以及早已为人类所知的光子等基本粒子，不仅质量远远小于普朗克质量，连尺寸也小得可以忽略不计，几乎等同一个点粒子。

接着，"哥本哈根诠释"登场，告诉我们这些基本粒子的世界与人类已经熟知的世界即大尺度宇宙可谓大相径庭。基本粒子都是波粒二象性的概率般存在，受"哥本哈根诠释"不确定性原理、概率波和互补原则三大法则的支配。物理学的基石客观实在性在基本粒子的世界里受到严重挑战。

造成基本粒子波粒二象性最直接的原因是基本粒子的亚原子尺度，一句话就是因为基本粒子太小了，比自身（概率）波长还小，所以物体波和概率的一面被"曝光"，表现出明显的波粒二象性。比如电子概率波的波长位于 10^{-11} 米数量级区间，而电子作为粒子半径位于 10^{-15} 米数量级区间，远远小于概率波波长。

而现实中的原子半径位于 10^{-10} 米数量级区间，比如氢原子半径就是 0.037 纳米，1 纳米 $=10^{-9}$ 米，概率波波长不足以影响原子的实在性，于是波粒二象性现象在原子身上消失了。对我们人类这样身高 1 米以上的"庞然大物"，概率波影响更是可以忽略不计。这也是玻尔认为基本粒子的波粒二象性与大尺度宇宙客观实在性不冲突的根本原因，虽然大尺度（原子尺度及以上）的物体追根溯源都由基本粒子构成。

0.1 纳米俨然成了宇宙的"楚河汉界"。0.1 纳米尺度及以上是我们人类熟知的世界，物质都具有客观实在性，粒子就是粒子，波就是波，皆有明确的质量和尺寸，有可知的时空位置和运动速度（静止 = 速度 0），物质之间相互作用严格遵守光速制约下的因果作用律。简单说，就是牛顿和爱因斯坦的宇宙，是相对论支配的宇宙；**0.1 纳米尺度及以下就进入亚原子尺度的基本粒子的奇妙世界，**是玻尔的宇宙，是"哥本哈根诠释"和量子力学支配的宇宙。这里的物体不仅波粒不分，波还是奇特的不连续的概率波。再通俗点说，"原子"壳的内外是两个世界，由原子构成的宇宙万物遵循一套物理法则，而构成原子的原子内部亚原子尺度大小的物质，却似乎遵循着另一套物理法则。

为什么会是这样？为什么量子具有波粒二象性，波还是概率波？为什么亚原子尺度的物理法则在宏观层面会失效？宏观层面的庞然大物难道不是由这些基本粒子构成的吗？比如我们人类，并不是由直径 1 米的"人类原子"构成，而是和宇宙万物一样由基本粒子夸克、胶子、质子、中子、电子等构成。人体有 1 米以上的大尺寸仅仅因为构成人类身体的基本粒子数量足够多，每个人体由多达 10^{30} 个基本粒子"堆积"而成。宏观层面的另一套物理法则从何而来？是亚原子尺度的物理法则**量变引起质变**的产物吗？那质变背后的物理机制是什么？

　　面对上述问题"哥本哈根诠释"无能为力，因为"哥本哈根诠释"只是总结和描述了量子的奇特物理属性，并不能解释为什么量子会具有这样奇特的物理属性。解答这个问题是今天量子物理学界的主流理论量子场论要完成的任务。

第 ⑩ 章
狄拉克之海到 QED

有读者可能会联想"量变引起质变的物理机制"不是在说统一微观世界和宏观世界物理法则的"万有理论"吗？或者更具体点，是说相对论和量子力学两个理论的融合难题吗？实际情况要复杂曲折得多。宇宙起源和黑洞这类对相对论和量子力学理论的融合有明确需要的课题，要到公元 20 世纪最后二十年才成为物理学界焦点，这之前物理学家面临的最大挑战是如何建立一套完整的量子力学理论。

第一个吃螃蟹的是前面多次提到的海森堡和薛定谔。海森堡的矩阵和薛定谔的波动方程都成功描述了一个电子如何围绕原子核跃迁，但无法同时分析多个电子行为。而数量庞大正是量子的基本特征，比如半径 10^{-3} 米的一颗沙粒里面大约存在 10^{19} 个电子。

而且薛定谔的波动方程不适用于同为量子的光子，这意味着方程无法描述电子和光子之间的相互作用。

最终不走寻常路的英国物理学家保罗·狄拉克率先解决了这个难题。狄拉克选择直接量子化麦克斯韦电磁场，一举将电子和光子理论统一起来。

之前提到麦克斯韦电磁场的时候都一笔带过，这里需要详细介绍一下麦克斯韦的电磁场。麦克斯韦认为宇宙真空中充满电磁场，就像覆盖地球的大海一样。大海的运动是浪与浪（波峰到波谷，波谷到波峰）的传递，以场论的视角，就是海中每个点的矢量运动。

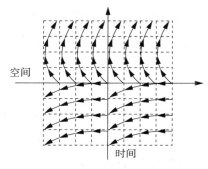

麦克斯韦的电磁场

洋流产生的原因很简单，地球的自转是主因，但电磁海洋的洋流怎么产生的？麦克斯韦认为电磁海洋的流动是正负散度的点移动的结果。散度为正的点就像出水的喷头，散度为负的点就像吸水的水槽。正散度的点就是电磁场的"波峰"，负散度的点就是电磁场的"波谷"。

用＋号表示正散度，－号表示负散度，这样看上去更简单明了。散度是术语，如果大家觉得陌生的话，可以理解为电池的正负极或磁铁的南北极。实际上麦克斯韦电磁场的正散度的确用来代表电子正电荷或磁铁北极，而负散度则代表电子负电荷或磁铁南极。麦克斯韦认为，电磁场洋流的产生就是正负散度的点在场中移动的结果（见右下图）。正负散度"搅动"电磁场是有规律的，一定是迫使电磁场从正散度流向负散度。所以电池的电流是正极流出负极流入的闭环。

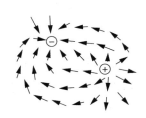

电磁场洋流的产生

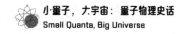

　　磁场则是磁力线从北极流出南极流入的闭环。磁场北极相当于电荷正极，磁场南极相当于电荷负极，所以麦克斯韦方程同时适用电场和磁场。

　　麦克斯韦的电磁场还允许散度为 0 的存在。散度为 0 的点拥有旋度的向量，顺时针旋转为正旋度，逆时针旋转则为负旋度。依照麦克斯韦的电磁场理论，散度为 0 的旋度的点就是磁单极子。所谓磁单极子可以简单地理解为两端都是北极或都是南极的磁铁。

　　正负散度的点在电磁场中移动，搅动起来的横波"洋流"就是光子。由于搅动起来的"洋流"都是正散度流向负散度，所有光子的传播方向都是直线。

　　很明显，麦克斯韦场方程描述的电磁场更接近牛顿的宇宙观。麦克斯韦电磁场中真正算得上场的只有被搅动的电磁场，也就是作为波的光子，而电子和磁极子也就是正负散度的点都可以视为实在的粒子。将电子和磁极子比作星球，那光波就是引力，实际上库仑力和引力一样，与距离的平方成反比。

　　而狄拉克量子化麦克斯韦场方程的关键是抹掉粒子和波之间的区别，取而代之的是只有谐振子。狄拉克认为包括电子在内的粒子都是谐振子，看似独立个体，实则牵一发而动全身，所谓的波正是由这些谐振子共同振荡引起的。**形象地说，如果将麦克斯韦方程描述的电子波和光波比作振荡的琴弦、被敲打振荡的鼓面或一片荡漾的水波，那么狄拉克量子化后的电子波和光波就是一堆类似弹簧球的谐振子在模拟琴弦、鼓面或水波的运动。**

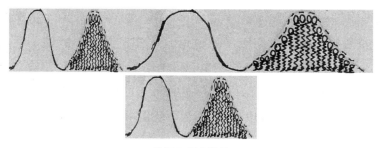

谐振子振荡模拟

　　狄拉克的谐振子是一大创举，通过谐振子的振荡模拟连续的波，成功实现电磁波的量子化。**衡量量子化主要有两条标准，一是具有最小能量单元；二是具有不连续性，或者说较大能量单元必须是最小能量单元的整数倍。**

　　前面提及最小单元概念时一笔带过，这里需要展开讨论一下。通俗地说，最小单元就是不可再分的，仅次于 0 的存在。比如人民币的法定最小单元是分，那么一分钱就是人民币不可再分的，仅次于 0 的存在。换句话说，一分钱之下就是 0。而一分钱之上的人民币都是分的整数倍，一角 =10 分，五角 =50 分，一元 =100 分，五元 =500 分，十元 =1000 分，二十元 =2000 分，五十元 =5000 分，一百元 =10000 分。排列出来就是 0、1、10、50、100、500、1000、2000、5000、10000，明显具有不连续性。

　　谐振子的振荡完美符合量子化的两条标准，让谐振子开始振荡有最小能量要求，振荡开始后各谐振子的振荡相互叠加，能量增幅正好是最小能量的整数倍。谐振子振荡模拟的电磁波自然也是量子化的电磁波。

　　谐振子在大数计算方面优势明显。QED 可以用大量谐振子的谐振来模拟大量电子集体运动产生的频率（能量）叠加态，薛定谔方程难以处理大量电子运动的困境被巧妙化解。举个不太严谨的例子，假设要存人民币一百元，1 分硬币接着 1 分硬币慢慢攒够 10000 枚 1 分硬币的是薛定谔，而两张五十元就搞定的是狄拉克。

　　此外，谐振子耦合度（弹簧的硬度）的强度大小，决定了让谐振子开始振荡所需最小能量的高低，这样狄拉克可以用不同耦合度的谐振子来分别描述光子和电子。于是海森堡的矩阵和薛定谔的波动方程面临的计算困难和不包含光子的弊端都被狄拉克的谐振子解决了。

　　公元 1928 年，狄拉克给出了狄拉克方程：

$$i\hbar \frac{\partial \varphi(x,t)}{\partial t} = \left(\frac{\hbar c}{i} \alpha \cdot \nabla + \beta mc^2 \right) \varphi(x,t)$$

　　照例，混个脸熟就行。狄拉克方程不仅提出了电子场的前身狄拉克之海，还预言了反物质（正电子）的存在。

　　所谓反物质即指物理性质比如自旋、质量、寿命等完全一致，但携带电荷却正好相反的物质。所有基本粒子都有反物质伙伴。电子带负电荷 e⁻，反电子就带正电荷的正电子 e⁺，因此电子场振荡产生的是电子和反电子（正电子）。光子没有正负电荷，光子的反物质就是光子本身，所以电磁场振荡只会产生光子。带电荷的正反物质接触会立即湮灭并释放出能量（化为光子）。一个电子和一个正电子接触就会立即湮灭为光子，这个过程也是可逆的，即光子也可能衰变为一个电子和一个正电子。

公元 1932 年，美国物理学家 C.D. 安德森发现了正电子，证明了狄拉克方程预言的反物质的确存在。但狄拉克方程的狄拉克之海却不被接受。

因为狄拉克之海要求宇宙真空中充满无限负能量态的电子，这等于再次修改了宇宙真空的概念。**现代物理学的真空概念**，最初指宇宙时空的空间连空气都不存在的空无一物的状态，类似于哲学上的"虚无"。随着电磁场被发现，真空不再空无一物，而是填充着电磁场，所以电磁场振荡产生的电磁波，也就是光子自然遍布宇宙空间。宇宙真空不仅是空气都不存在的空无一物的时空，还要求电磁场场值为 0。

狄拉克方程又给真空"注入"狄拉克之海，即认为宇宙真空中除了填充着电磁场之外，还有负能量态的电子海洋，所以电子也遍布宇宙。狄拉克之海的负能量态电子一个萝卜一个坑，激发一个电子就要在海面产生一个"洞"。宇宙真空一下"热闹"起来，又是场又是海。狄拉克给自己的理论取名量子电动力学，**量子力学第一个完整的理论 QED（量子电动力学英文的首字母缩写）正式登场。**

第 ⑪ 章

能量之海

今天的**电动力学 QED**，和最初狄拉克口中的 QED 并不能完全画上等号。今天的 QED 理论继承了狄拉克有关谐振子的理念，并将散度、旋度、向量等麦克斯韦场论的概念彻底用量子化的标量场、矢量场、旋量场取而代之。简单地说，今天的 QED 理论是狄拉克 QED 的 2.0 版，就如海森堡的电子跃迁取代了玻尔的电子轨道，最终电子场取代了不伦不类的狄拉克电子海，等于给宇宙真空又做了减法，真空中只有场：电磁场和电子场。之后文中提及的 QED 都指 2.0 版。

QED 认为基本粒子本质是量子化的能量场中的波（能量波幅）的振荡。 又因为量子场是谐振场，一个场只对应一种振荡模式，产生一种基本粒子。原来包括电子和光子的麦克斯韦电磁场在量子化后实际上一分为二，演变为产生光子的电磁场和产生电子的电子场，光子场和电子场的区别在于因谐振子耦合度不同而产生的场振荡模式的不同，并且场的振荡模式都是量子化的。

波的能量大小与波的振幅大小成正比，振幅又由波的频率决定，"场的振荡模式都是量子化的"，也就是在说每种场的振荡模式都有各自的最小振幅（频率），更大的振幅（频率）都是最小振幅（频率）的整数倍。

同时根据不确定性原理，量子场某处场强值为 0 的时候，该处场强的变化量就不可知，这意味着场值为 0 的量子场会自发持续性能量涨落。

因此，QED 坚信量子场场值实际永不为 0，场值为 0 的同时就会随机自发量子级别的能量涨落。**但每次自发涨落存在时间极短，从生活在宏观大尺度之上的四维时空的我们人类视角看来似乎什么都没发生。场强值为 0 仅是存在于宏观大尺度之上的假象**。通俗点说，量子场的场值 0 之下的场振荡频率太快了，以致看上去根本没有振荡发生。

简单点说，QED 的量子场场值为 0 只是一个平均数，理论上要求实际的场值在 0 上下随机涨落。**这就是著名的量子涨落效应**，最初只是 QED 的一个理论预测。

光子随机自发的量子级别的能量涨落方式，大致是通过产生负能量，凭空直接"生出"正能量，普朗克时间内正负能量即重归湮灭。电子随机自发的量子级别的能量涨落方式，则是普朗克时间之内生成正负电子对，然后正负电子对再瞬间湮灭。正负能量湮灭会产生光子，正负电子对湮灭也会产生光子，这些稍纵即逝的光子存在时间更短，仿佛从未存在过，因而得名"虚光子"或"幽灵光子"。而导致电子场随机自发量子级别的能量涨落产生"虚光子"的短命的正负电子对，则被命名为"虚电子"。

于是 QED 的宇宙时空永远"熙熙攘攘"：不仅光子和电

子充斥着整个宇宙时空，即使看上去没有光子和电子存在的场值为 0 的真空也在"背地里"疯狂地随机自发量子级别的能量涨落，产生大量转瞬即逝的虚光子。就像被拨动的琴弦、被敲击的鼓面最终会停下来，不同振荡模式的量子场场值都会趋向 0，以至电磁场和电子场每时每刻无处不在地随机自发量子级别的能量涨落。宇宙时空，宇宙万物统统沉浸在真空产生的虚光子（包括虚电子对湮灭产生的虚光子）的能量海洋里。**这个虚光子的能量海洋就是所谓真空零点能，**从真空"无中生有"的宇宙能量。

　　QED 是后来量子弱电和色电动力学的基础，这里啰嗦两句，尽量讲透 QED 的宇宙观。QED 认为电子场和电磁场振荡产生电子和光子，电子场和电磁场最小波幅的产物是基态电子和基态光子，可以简单理解为能量最低的电子和光子，再往下振荡就停止了，就是场值 0，就是真空。于是，被电子场和电磁场填满的 QED 的宇宙时空充斥着不同波幅强度（能量等级）的光子和电子，现实中就是宇宙中充斥着不同频率的光子和不同能量态的电子。再通俗点说，即可见光和不可见光、自由电子和被原子核"俘获"的电子。

　　没有光子和电子存在的场值为 0 的区域，就是所谓宇宙真空。**但量子不确定性原理会让场在 0 和基态（电子和光子）之间发生随机量子级别的能量涨落，**结果真空"不空"，会产生 ∞ 的虚电子和虚光子。这就是 QED 视角下的宇宙。

　　QED 简单明了，不仅解释了电子的产生，并通过统一电磁场和电子场理论解释了为什么电子遍布宇宙，因为电子场和电磁场一样充斥着整个宇宙。但"副产品"量子涨落的出现，

导致麦克斯韦电磁场理论下电磁场和电子的相互作用，即电子和光子的相互作用，在 QED 理论下成了电子、光子、虚光子，还有虚电子的相互作用（注释 15）。

但实际能够观察和测量到的只有电子和光子，QED 理论预测的量子涨落和虚光子、虚电子都是随机产生的，存在时间过短是不可观察的，甚至虚光子和虚电子的物理属性也是不确定的。那么问题来了，虚光子和虚电子到底真的存在吗？量子级别的随机能量涨落真的有在发生吗？

面对这个棘手的问题，彼时量子物理学家们包括狄拉克都拒绝正面回应，直到名不见经传的荷兰物理学家亨德里克·卡西米尔站出来。公元 1948 年，卡西米尔提出了后来以他名字命名的卡西米尔效应。即如果随机量子级别的能量涨落确实存在，即使不能直接观察到量子涨落的产物虚光子和虚电子，也可以在适当距离上观察到因量子涨落产生的压力。这个压力后来也被命名为卡西米尔力。

卡西米尔发现如果虚光子和虚电子真实存在过，有限大小的真空空间内，虚光子和虚电子波长种类明显低于无限大小的真空空间。因为量子涨落是随机发生的，无限大小的真空空间内必须将所有可能的量子涨落模式考虑进去，也就是将所有可能的振荡模式考虑进去，结果虚光子和虚电子波长频率可以是无限可能的。而普朗克解决黑箱难题时已经告诉我们波长的频率是有最小单位的，因此虚光子和虚电子波长频率的"无限"是**有下限无上限**。那么在一个有限大小的真空空间内，虚光子和虚电子波长频率就是有限的。

假设虚光子和虚电子波长频率下限是 1 纳米，在一个直径

30 纳米的真空空间内，由于 30 纳米以上的波长被排除了，该空间内虚光子和虚电子的波长频率就被局限于 1~30 纳米。这意味着有限大小的真空空间内能量涨落模式要明显少于外部无限大小的真空空间，有限大小的真空空间内能量能级也就小于外部无限大小的真空空间，有限大小的真空空间将承受来自外部压力，即卡西米尔力。

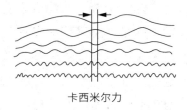

卡西米尔力

于是，卡西米尔利用曾经的研究分子间作用力的经验设计了一个思想实验。在一个封闭的真空空间内设置两个极轻极薄、100% 无杂质的理想的中性（不带电）金属板，让两个金属板相距甚微，并相互平行。

经过仔细计算，卡西米尔发现两个金属板相距约 10 纳米的时候受到的卡西米尔力已经高达约 1 个大气压强。1 个大气压强已经是可以观察到的宏观数值，卡西米尔力和卡西米尔效应成为检验量子级别的随机能量涨落真伪的试金石。

十年后，卡西米尔的荷兰同行 M.J. 斯帕纳就实现了卡西米尔的思想实验，完成了对卡西米尔力的首次测量，证实了卡西米尔力和卡西米尔效应的存在，也就证实了随机量子级别的能量涨落和虚光子、虚电子的存在。公元 1997 年，美国华盛顿大学的史蒂夫·拉莫洛克斯调整了卡西米尔的思想实验思路，通过将两个金属板改为一个金属板和一个金属球，在更高精度上"捕捉"到了卡西米尔力。自此，量子级别的随机能量涨落和虚光子、虚电子的存在已是板上钉钉的事实。

量子涨落的预测被证实了，反而让 QED 面临夭折的危机。一旦 QED 用于电磁力的计算，电子和光子相互作用的运算结果都会因为引入量子涨落的产物虚光子和虚电子而变得无限大。

费曼又及时赶来救场。大家还记得前面提到费曼的"路径积分法"吗？就在卡西米尔提出卡西米尔效应的同年，费曼的"路径积分法"也正巧问世。最初"路径积分法"也是描述电子衍射实验中单个电子行为的，并不适用于描述电子和光子的相互作用。但很快费曼就天才地意识到"路径积分法"的思路应当进行适当的调整，以用于描述电子和光子间的电磁作用力。

费曼认为积分求导适用于分析一个作为波的电子的自我干涉叠加态，也一定适用于真空的量子级别的随机能量涨落。但求导时电子的自我干涉叠加态有最小作用原理做准绳，随机能量涨落产生的虚光子的准绳是什么？费曼指出虚光子与电子发生相互作用时会遵循质能守恒和电荷守恒定律。

我们生活的宇宙，除了前面提到的大尺度上**具有各向同性和定域性**，还具有**守恒和对称性**。对称性稍后再详解，这里只介绍内容相关的守恒。早在公元 18 世纪，法国化学家拉瓦锡，就是那位在法国大革命中被砍了头的旧贵族，就已经注意到化学反应中反应前后的物质质量总和不变，从而发现了质量守恒定律。即一个封闭的孤立系统，比如我们的宇宙，其中物体的质量不会凭空产生，也不会凭空消失，它只会从一种形式转化为另一种形式，质量总量则保持不变。不久之后，热力学研究者又发现封闭的孤立系统中能量既不会凭空产生，也不会凭空消失，只会从一种形式转化为另一种形式，或者从一个物体转移到其他物体，而能量的总量保持不变。这就是能量守恒定律。

　　所谓封闭的孤立系统，你可以想象一个存在于虚空中与外界完全隔绝的、封闭门窗、绝缘、恒温的大房子。我们宇宙就是这样的大房子。即使按照平行宇宙的说法，也就是虚空中多了几个房子，但房子彼此间仍然是隔绝的。只是如果两个房子靠近会产生微弱的引力效应；如果两个房子相撞就是宇宙大暴涨，会形成一个新的宇宙，一个新的大房子，这就是膜理论的宇宙起源。

　　大房子里面的物体质量、能量等其他物理量必然守恒，因为无处可去。比如在大房子里使用空调，注意这个大房子与外界是完全隔绝的，所以要让空调起作用，只有人为地将房子内部隔成两个房间，通过向一个房间排除热空气达到另一个房间制冷的效果。结果一个房间温度下降，一个房间温度上升，大房子总的温度不变。这就是能量守恒定律。

　　之后更多的守恒定律，如动量守恒、角动量守恒、电荷守恒等也被陆续发现和证实。电荷守恒定律指我们宇宙中的总电荷量保持不变，无论是产生带电粒子还是带电粒子湮灭，反应前后的总电荷量都不会改变。

　　但真空量子涨落的虚光子不就是凭空产生的吗？质量守恒和电荷守恒定律还适用于电子与虚光子的相互作用吗？

　　费曼表示即使存在真空量子涨落，质量守恒和电荷守恒定律仍然成立。因为真空的随机量子级别的能量涨落不会在宏观层面改变真空场值。涨落瞬间产生的虚光子无论能量有多大，宏观层面真空的场值平均值始终是 0。这意味着一个在真空游荡的自由电子，其质量和电荷不会因真空量子涨落效应而发生改变。

路径积分法的思路用于 QED 理论搞出了"重整化"（注释16）。较之"重整化"的复杂计算，人们更熟知的是费曼图像。数学方程式的推导过程和计算结果都可以通过几何图像呈现，最常见的就是爱因斯坦狭义相对论方程组的几何光锥图像。不过费曼图像（见下图）可以先出图再计算。

费曼图像中弯曲的线条代表光子（左起图 1），带箭头的线条代表电子，箭头方向相反表示电子和电子的反物质正电子（左起图 2），左起图 3 表示一个电子吸收（释放）一个光子，左起图 4 表示一对正负电子相遇湮灭为光子。**注意图 3 和图 4 箭头方向的区别**，图 3 中箭头方向一致，代表同一个电子；图 4 中箭头方向相反，代表一个是电子，另一个是电子的反物质正电子，所以图 4 表示一对正负电子的湮灭。

左起图 5 表示一对正负电子相遇湮灭为光子后，这个光子又衰变为一个电子和一个正电子。

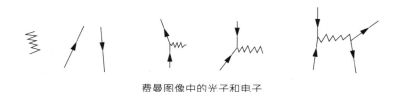

费曼图像中的光子和电子

费曼图像的几何坐标和狭义相对论一样，以时空为轴。下图就是费曼图像的六种基本形态（也被称为骨架图）：左起依次为一个电子释放一个光子；一个电子吸收一个光子；一对正负电子相遇湮灭为光子；光子衰变为一对正负电子（一个电子和一个正电子）；一个正电子吸收一个光子；一个正电子释放一个光子。这正是麦克斯韦电磁波理论，也是宏观大尺度上能

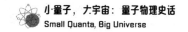
够观察到电子和光子间的相互作用方式（注释 17）。

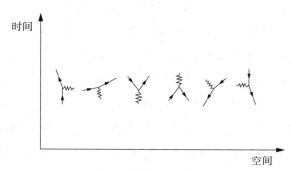

费曼图像在几何坐标中的六种形态

只要电荷守恒成立，所有电子与光子的相互作用都可以由六种基本形态推导出来。反应前后电子的质量不会改变，反应前后电子的电荷也不会改变。反应前是带负电荷，反应后仍然带负电荷；反之反应前是带正电荷的反电子，反应后仍然是带正电荷的反电子。如果一个电子和一个正电子湮灭后化为电荷值为 0（不带电）、质量为 0 的光子，这个光子再与虚光子发生相互作用，那么作用结束后光子还是光子，或又转变为一个电子和一个正电子。总之，电荷之和与质量之和仍然都是 0。

左下图是一个电子释放一个光子，然后光子又被另一个正电子吸收。右下图是一个电子吸收一个光子，然后与另一个正电子相撞湮灭又化为一个光子。电子与虚光子纵有无限可能的反应过程（图中黑框部分），但不影响反应结果的

电子释放一个光子，光子又被另一个电子吸收

守恒。

但卡西米尔力的存在已经证实虚光子真实存在。电子和虚光子的反应难道真的没有现实意义吗？没有与虚光子发生作用的电子和与虚光子发生过作用的电子难道无法区分吗？**答案是能够区别！** 与虚光子发生过作用的电子虽然满足质能守恒和电荷守恒，反应后的电子质量和电荷不会发生变化，但较之反应前电荷相同的电子会彼此远离，而电荷相反的正反电子则会相互吸引。

两个电荷相同的电子在量子涨落不断的真空中相遇，相当于两个人面对面相互不停地抛接虚光子球，两人会在惯性作用下各自后退，彼此间距离越来越远，直到彼此接不到对方的球。两个电荷不同的正反电子在量子涨落不断的真空中相遇，相当于两个人背对背不停地相互抛接虚光子球，两人会在惯性作用下各自后退，但两人是背对背，彼此间距离会越来越近。这不就是电磁力的**同性相斥、异性相吸**吗？而**一个电子抛出（释放）的光子被另一个电子接住（吸收），两个电子间就会产生与距离的平方成反比的电磁力，这不就是库仑力吗？**

与牛顿引力方程式可以计算引力大小却不知引力本质的困境一样，麦克斯韦的电磁场理论可以计算电磁力大小，却无法解释电磁力到底是什么。"重整化"的 QED 理论不仅消除了方程的无限大，还间接发现**电磁力（库仑力）的本质竟是电子和光子在微观亚原子层面交换虚光子的结果。**这让"重整化"的 QED 理论成为现代物理学史上第一个从概率的、不确定的亚原子世界的场论出发，从预言了量子随机涨落及产生虚电子和虚光子拥有无限 ∞ 微分项的方程式出发，直接求导出与大尺度

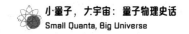

世界的电磁波理论的方程式计算结果相似，且方程解数量有限的理论。

QED 顿时声名鹊起，费曼也一跃成为继哥本哈根学派后量子力学领域新的领军人物。

自量子力学诞生以来，物理学界就陷入"原子"壳内外两个世界，遵循貌似完全不同的两套物理法则的困境。鉴于大尺度物体都是由无数亚原子尺度基本粒子堆砌构成，一度物理学界普遍认为宏观层面的物理法则是亚原子尺度物理法则的统计效应，是**量变到质变**，但仅停留在猜想阶段。随着 QED "重整化"的成功，现代物理学第一次找到了一统"原子"壳内外两个世界、两套物理法则的途径。QED 理论也成为现代物理学史上第一个万有理论的候选，虽然彼时还没有万有理论这一说法，它比后来名气更盛的脱胎于弦论的 M 理论早了三十余年。

更多的物理学家开始投身 QED 理论研究。QED 是量子化的电磁场论，狭义相对论与电磁场论相互兼容，于是狭义相对论的量子化被首先提上日程。上文解释过电磁场理论的量子化，狭义相对论的量子化解释起来要复杂点。简单点说，某种意义上狭义相对论就是洛伦兹变换的牛顿力学，因此狭义相对论的量子化就是将洛伦兹变换塞进 QED 理论。

当然，这么说是出于叙述方便，实际上 QED 理论和量子化狭义相对论并没有严格的时间先后顺序。总之，结果就是**规范对称性为首的一大堆对称性出现在 QED 理论中**。

第 12 章

自旋　能量守恒

德国最伟大的女数学家艾米·诺特早在公元 1918 年就提出了以她名字命名的诺特定理，指出守恒与对称是一一对应的。**作用量的每一种连续对称性都对应一个守恒定律，有一个守恒量。**

质量守恒、能量守恒、动量守恒、角动量守恒、电荷守恒等守恒定律，既满足牛顿力学，也与狭义相对论相容。如果狭义相对论与 QED 理论相容，那么 QED 理论也应该遵循质量守恒、能量守恒、动量守恒、角动量守恒、电荷守恒等守恒定律。而诺特定理指出这些守恒定律的背后是作用量的对称性，比如镜像对称、旋转对称、平移对称、时间对称，等等。

德国最伟大的女数学家艾米·诺特
（© 维基 / 公版）

诺特定理被发现还要"感谢"广义相对论。广义相对论预言了光子红移现象，红移的光子因为波长被拉长，意味着能量大幅削弱。彼时宇宙膨胀还没有被发现，物理学家们不知道消失的能量去哪儿了，难道红移现象可以违反能量守恒定律？

虽然守恒定律为数众多，但随着研究深入，物理学家们发现对一个封闭的孤立系统，对我们的宇宙而言，能量守恒才是守恒定律的基石。在狭义相对论质能方程式出现之前，人们普遍认为宇宙万物由质量和能量构成。已知的地球生物，以及非生物的物体大到星球星系，小到尘埃和光子都是一个个具有质量的实体。生物生存所需能量都源于太阳释放的热能，区别在于植物直接吸收太阳能，人类和其他动物通过消化植物或捕食其他动物，获取由太阳能转换而来的化学能。所有物体的运动和演变也源于能量交换。作用力和反作用力背后是动量守恒。蒸汽机是将热能转化成动能，水力发电是将势能转化成电能，恒星的形成是将势能和电能（电磁力）转换成热核能。马力、千瓦时、电子伏特、华氏度或摄氏度，甚至卡路里计量单位都是对能量的计量。能量只能从一种形式转化成另一种形式。

之后，狭义相对论的质能方程问世，人们才发现原来质量也是能量的一种形式而已。既然宇宙万物皆由能量构成，守恒定律就可以视为能量守恒的某种变形，甚至看上去与守恒定律八竿子打不着的杠杆原理，背后也是能量守恒在发挥作用。想象一个常见的杠杆天平，天平两端砝码质量相等时天平能保持平衡，两端砝码距离地面高度相同，即天平两端重力势能差为 0。因为能量守恒，如果单给其中一端砝码增加重量，砝码较轻的一端会自动增加重力势能来抵消另一端砝码增加的重量，以确保平衡。而重力势能与物体距离地面高度成正比，所以现实中单给天平的一端加重，就一定会看到天平另一端自动升高。

所以，物理学家们无法接受能量守恒这样的基础定律会被违反。最后，物理学家们的难题被数学家解决了。诺特的解释是红移现象意味着时间对称性被打破，所以时空坐标下能量守恒定律不再起作用。单就封闭的孤立系统而言，能量守恒定律仍然成立。

上文提到过我们的宇宙就是守恒和对称的。守恒是因为我们的宇宙是封闭孤立的系统，而对称则是我们宇宙的基本形态，各种对称性充斥着我们的宇宙。我们最熟悉的对称是镜像对称，大家照照镜子就知道什么是镜像对称。从庞然大物的星系和星球到微不可见的分子都具有镜像对称性。镜像对称也是离散对称。所谓离散对称就是沿一个特定角度或单一轴旋转，物体保持不变。比如人类的左手和右手。多边形如雪花、等边正三角形，既可以中轴对折左右重合，也可以通过旋转120°恢复原状，所以既满足镜像对称也满足离散对称。

常见的对称还有旋转对称、平移对称、时间对称，这都是满足诺特定理的**连续对称**，即在一个给定坐标系中沿任意角度或轴旋转，物体依然保持不变。旋转对称连续性容易理解，完美的球体无论旋转多少度，旋转轴方向是水平、竖直或某角度（仰望天空的45°），都保持不变。而平移对称和时间对称连续性，简单说就是物理定律不会因为地点时间的变化而变化。例如老少熟知的 $E=mc^2$，不论在北京、在东京、在地球，还是在其他星球；也不论在昨天、在今天，还是在明天及以后都不会变化。实际上目前已知的宇宙时空范围内能量都等于质量和光速平方的乘积，也是连续对称。能量守恒定律也是时间对称的，不随时间流逝而变化。

那红移现象怎么就打破了时间对称性？诺特提醒大家是不是忘了时间坐标是牛顿力学的产物，**相对论可是时空一体，只有时空坐标**。狭义相对论框架下宇宙没有统一的时刻表，每个物体都有自己的时间流速，且与物体的空间运动速度相关，空间运动速度越快的物体，其时间走得越慢，意味着时空坐标本身就在不停变换中。光子以光速运动，光子的时间是停滞的，因此光子发生红移波长拉长，看上去是光波随着时间流逝变长了，而实际上是空间随着时间流逝生长了，消失的能量都跑到新长出来的空间里去了。

上面这段文字不好理解的话，可以回到那个代表封闭的孤立系统的大房子。假设这个房子内存在的所有能量确保室内温度维持在 25°，大房子内能量守恒，那么这个房子室内温度就应该维持在 25°。但如果房子在不断膨胀变大，即使大房子内能量不变，随着室内面积不断增大，室内温度也会不断下降。实际上认为红移现象违反能量守恒定律的人们只注意到温度下降，而忽视了大房子在膨胀。诺特定理不仅解释了红移现象，还与广义相对论一道预言了宇宙在膨胀。**诺特定理的数学计算基础是群函数，因为群函数就是用来描述对称性的数学理论。**

群函数面上复杂，但底层逻辑倒简单明了。我们知道等边正三角形既满足镜像对称又满足离散对称。假设有一个等边正

三角形，三个角分别为 A、B、C，初始顶点是 A，那么镜像
对称意味着以顶点为轴，左右交换不变：

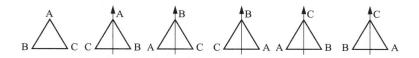

以群算符记录结果，则是（**黑体字母**代表不变的顶点）：

$$\begin{pmatrix} \mathbf{ACB} \\ \mathbf{ABC} \end{pmatrix} \begin{pmatrix} \mathbf{ACB} \\ \mathbf{BCA} \end{pmatrix} \begin{pmatrix} \mathbf{ACB} \\ \mathbf{CAB} \end{pmatrix}$$

　　等边正三角形旋转 120° 也保持不变。而且既可以是顺时
针旋转 120°，也可以是逆时针旋转 120°。逆时针旋转 120° 就
等于两次顺时针旋转 120°，即顺时针旋转 240°，旋转 360° 则
会回到初始状态。以群算符记录，结果如下：

$$\begin{pmatrix} ACB \\ CBA \end{pmatrix} \begin{pmatrix} ACB \\ BAC \end{pmatrix} \begin{pmatrix} ACB \\ ACB \end{pmatrix}$$

　　上述六个群算符就构成了一个对称群。所谓群计算，比如
群乘法表示的是变换的先后顺序，如：

$$\begin{pmatrix} \mathbf{ACB} \\ \mathbf{CBA} \end{pmatrix} \times \begin{pmatrix} \mathbf{ACB} \\ \mathbf{BAC} \end{pmatrix} = \begin{pmatrix} \mathbf{ACB} \\ \mathbf{ACB} \end{pmatrix}$$

　　这个乘法等式表示一个等边三角形，初始顶点是 A，初
始状态记为 ACB，然后将该等边三角形由初始状态先逆时
针旋转 120°，即 ACB ▶ CBA；然后再顺时针旋转 120°，即
CBA ▶ ACB；结果自然又回到初始状态，即 ACB ▶ ACB。
　　群函数如何描述对称性的底层逻辑并不难理解吧。所以即
使不会群计算也能明白群论到底在说什么。

因为不确定性原理，动量为 0 的静止的基本粒子会处于自发的不稳定振荡中，这就是基本粒子的内禀属性**自旋**。

要满足狭义相对论涉及的对称性，基本粒子自旋有且只有 0、1/2、1、3/2、2 这五种模式具有意义。即自旋角动量为 0、h/2、h、3h/2、2h，h 是约化普朗克常数。通俗点说，自旋 0 即观察不到该基本粒子的自旋周期；自旋 1/2 即基本粒子需要自旋两圈 720° 才完成一个自旋周期；自旋 1 即基本粒子自旋一圈 360° 完成一个自旋周期；自旋 3/2 即基本粒子自旋 270° 就完成一个自旋周期；自旋 2 即基本粒子自旋 180° 完成一个自旋周期。

还记得前面那个 ACB 对称群的乘法范例吧。"初始状态记为 ACB，然后将该等边三角形由初始状态**先逆时针旋转 120°，然后再顺时针旋转 120°**；结果三角形又回到初始状态"。顺时针的 120° 就是逆时针的 240°，因此"将该等边三角形由初始状态**先逆时针旋转 120°，然后再顺时针旋转 120°**"等同于"将该等边三角形由初始状态**逆时针旋转 360°**，三角形又回到初始状态"。

假设这个三角形初始状态 ACB 代表一个想象中的基本粒子 a 的自旋初始状态，"将该等边三角形由初始状态**逆时针旋转 360°**，三角形又回到初始状态"表示的就是基本粒子 x 自旋 360° 回到初始状态，从而就可以得出该基本粒子 a 的自旋周期为 1。

这就是群论的妙处，研究旋转对称性只关注旋转方向和始末位置，非常适合描述量子自旋。**因为基本粒子的自旋是量子化不连续的，自旋的角动量有最低动量单元，且高动量都是**

**最低动量的整数倍。描述基本粒子自旋周期习惯性用词是自旋
"一圈或两圈"，实际上基本粒子自旋是不连续的相位变化。相**
位变化与规范对称性也关系密切，这里暂不展开。

　　当然，基本粒子自旋也不是简单三个点可以描述的，需要
运用高阶张量进行计算，但底层逻辑是相同的。最后的结论
就是：只有 0、1/2、1、3/2、2 这五种基本粒子自旋模式具有
意义。

第 ⑬ 章
费米子和玻色子

物理学家们很快就意识到**自旋 1/2 的基本粒子正是构成物体的费米子，而自旋 1 的基本粒子则是传递力的信使粒子，又被称为玻色子。**

现代物理学诞生之前，当人类文明还普遍认为太阳围绕地球转、地球是平坦的时候，就已经清楚地知道物体和力的区别。地球以及生活在地球上的包括人在内的所有生物，各种人造制品、围绕地球转动的太阳、月亮和星星，都是实实在在的物体。而两个物体无法共享一个时空位置，就是俗称的"一个萝卜一个坑"。但力不同，力看不见摸不着，但却作用于物体，改变物体的状态。比如你用力推动地面上一个停放的静止不动的石球，石球就会沿着你施力的方向滚动。你力气足够大，可以让石球滚动很长一段距离，你力气微不足道，石球滚动距离可能肉眼根本无法分辨，但实际上石球还是有运动的。反之，力也可以让运动的物体停下来。彼时人们还不知道什么是引力，但已经知道摩擦力。摩擦力会让一个物体由运动状态变为静止状态。比如刚才被你推动的石球，如果不对石球持续施力，石球终会停下来。地面光滑石球会滚得远一点，地面粗糙石球很快就会停止滚动。

而且力可以叠加，你推不动石球，表明你施力不足。可以通过增加力度，比如多找来几名壮汉一起推就能推动石球。力还可以传递，比如你找来的推石球的壮汉可以不对石球直接施力，而是在你身后对你施力，再通过你推动石球。当然，这比一起直接推动石球效率要低，因为力在传递过程中会有损耗。力也是定域性的，无论你和壮汉一起直接推动石球，还是壮汉给你施力通过你去推动石球，力必须作用在石球上，对着石球隔着空气施力是不会起任何作用的。

实际上任何物理现象都是物体和某种力作用的结果。如果不考虑力的作用，物体和物体之间不会发生任何交集。比如"以卵击石"，没有力的参与，就鸡蛋和石头两个物体间不会发生相互作用，只是各占"一个坑"，鸡蛋是鸡蛋，石头是石头。但对鸡蛋施力，比如有人拿起鸡蛋扔向石头，才会有"以卵击石"。而且施力者力气足够大，比如可以将鸡蛋加速到亚音速，那么不仅鸡蛋会粉碎，石头也会裂开。又比如黑洞，不考虑力的作用，黑洞就是黑洞，除了在时空中占个位置蹲个"坑"，不会和其他物体发生任何交互作用。但引力的存在，会让黑洞周围时空剧烈扭曲，任何视界线以内的物体都会被扭曲的时空困住，包括光。

虽然物体和力的区别显而易见，但彼时人类并不清楚这种区别背后的原因。随着现代物理学的兴起，微观世界的大门被打开，人类认识到**物体和力本质都是基本粒子**。构成物体的基本粒子是构成原子核的质子、中子和围绕原子核运动的电子，之后又发现构成质子和中子的是夸克，这些基本粒子被统称为费米子。而传递力的是被统称为玻色子的基本粒子，如光子、引力子等。费米子都具有质量，而玻色子大多没有质量，即使有质量的玻色子较之费米子的质量也轻得可忽略不计。费米子都满足泡利不相容原则，即物体"一个萝卜一个坑"；而玻色子不遵守泡利不相容原则，理论上无限的玻色子可以重合于同一个位置，这是力可以持续叠加和传递的根本原因。

知道物体和力的不同源于费米子和玻色子后，新的问题又来了：既然都是基本粒子，**为什么费米子和玻色子区别如此巨大**？待对称性引入 QED 理论后，这个问题便有了答案，**是因为费米子和玻色子自旋周期的不同**。通俗点说，QED 理论将基本粒子视为波的振荡，两个费米子接触正好波峰遇波谷相互抵消，所以费米子间彼此接触会不相容，这也是泡利不相容原则的本质；而两个玻色子接触正好波峰遇波峰，场振荡模式没有变化，所以基本粒子种类没有变化，但波峰叠加会导致粒子能量增强，玻色子间彼此接触就会产生力叠加和传递效应。

揭示出费米子和玻色子的区别源于基本粒子不同的自旋周期，是继重整化解密电磁力本质之后，QED 理论又一足以载入科学史册的突破性贡献。

基本粒子自旋模式有五种，其余 0、3/2 和 2 这三种自旋模式又是什么基本粒子？最初物理学家们也不知道。因为 QED 理论实质是场论，将所有基本粒子视为场的波动，电子有电子场、光子有电磁场、引力子有引力场。因此没有一个统一的 QED 理论方程囊括 0、1/2、1、3/2、2 五种基本粒子自旋模式。相反，每个自旋模式都有各自独立的场方程。

　　前面提到的狄拉克方程就是描述电子的电子场方程式，电子是费米子，所以狄拉克方程也是描述 1/2 自旋模式的场方程。这里顺便给大家厘清一下场论相关的矢量场、旋量场和标量场概念。

　　我们知道场论将基本粒子视为某种模式的波的振荡，从基本粒子大类，即从费米子、玻色子、希格斯粒子来说，波的振荡模式就三种基本形式，标量场、矢量场、旋量场。

　　照例，不求演算场方程，只求明白场方程在说什么。就最简单的底层逻辑而言，仅从名字就能看出标量场、矢量场、旋量场的不同。简单地说，标量场只有随时间改变的能量（温度）值，没有方向，量子场论的标量场通常只有势能，**标量场波的振荡模式**常见描述为原地上下振荡。矢量，就是运动向量，**矢量场波的振荡模式**不仅原地上下振荡，还能向某个方向运动。旋量就是字面意思，旋转角动量，所以**旋量场波的振荡模式**不仅沿某个方向运动，还在旋转。

　　希格斯粒子自旋为 0，希格斯粒子场方程就是标量场方程，这里暂不展开说。物体是可以运动的，所以描述构成费米子的场方程都是矢量场方程。狄拉克方程描述的是电子，狄拉克方程就是矢量场方程。电子自旋为 1/2，所以描述费米子的矢量场方程其基本粒子自旋都是 1/2 的倍数。自旋 3/2 的基本粒子如果有场方程的话也是矢量场方程。但物理学家们迄今也没想清楚自旋 3/2 的基本粒子应该是什么，只提出了几种猜测，更别提推导方程了。

　　而力的传递和叠加是有曲率的，电磁力的传递是光子与旋

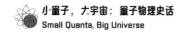

转的磁场的合体，引力会让时空发生弯曲，描述传递力的玻色子的场方程都是旋量场方程。光子的自旋为 1，所以描述传递力的玻色子的旋量场方程其基本粒子自旋都是 1 倍数的。今天物理学界主流观点认为引力子自旋为 2，但尚没有人推导出完整的引力场方程式。

　　显然，QED 理论并不完善，但 QED 理论的成就足够辉煌，当之无愧于量子力学中流砥柱的地位。就在 QED 理论耀眼的光芒照亮整个量子力学领域的时候，阳光的背面，阴影也在膨胀：**QED 理论认为力的强度随距离增加而减弱，但胶子传递的强力却是随距离增加而增强。**

第 14 章

杨—米尔斯规范场

今天我们知道传递电磁力的是光子，传递引力的可能是引力子。电磁力和引力也是最常见的两种力，原子核尺度之上的世界，几乎所有的作用力都可以视为电磁力和引力。

然后是作用于原子核内部的力。将质子和中子聚集在一起形成原子核的是核力，由介子（即质量介于质子和电子之间）传递。将夸克聚集在一起构成质子或中子的是强力，由胶子传递。随后人们发现介子也由夸克构成，核力的本质实际也是强力。

让原子核发生衰变的就是弱力，由 W 玻色子和 Z 玻色子传递。我们最熟悉的原子核衰变就是核辐射。核弹爆炸或核反应堆事故造成的核泄漏，其释放出的巨大能量射线会给附近的环境和生物造成巨大伤害。原子核衰变还会产生一类新的基本粒子就是中微子。中微子是费米子。

而 QED 理论最初只适用于电磁力，部分适用于弱力，完全无法解释强力。同时，QED 认为所有的力都随距离增加而减小，实际电磁力、引力、弱力和核力的确随距离增加而减小，但聚集夸克的强力却反其道而行之，随距离增加而增强。而且弱力也有些"奇怪"，电磁力和强力分别由单一的玻色子光子和胶子传递，但实验表明传递弱力却似乎不止一种玻色子。这一度让 QED 理论陷入危机。

关键时候，两位华裔美国物理学家站了出来，扛起了 QED 理论前进的大旗。这两位华裔美国物理学家就是国人耳熟能详的李政道和杨振宁。

杨振宁　　　　　　　李政道

（© 维基 / 公版）

率先登场的是杨振宁。公元 1954 年，杨振宁与自己室友罗伯特·米尔斯合作，提出了著名的杨—米尔斯（Yang-Mills）场方程。在杨—米尔斯场中电磁力和弱力仍然随距离增加而减少，但强力会随距离增加而增强。这让杨—米尔斯场一跃成为量子力学的新基石。

杨—米尔斯场可以视为规范对称性的升级强化，将规范对称性适用范围从一维扩展到了三维及以上更高的维度。

前面提过量子化狭义相对论的关键是将规范对称性为首的各种对称性，比如镜像对称、旋转对称、平移对称、时间对称等引入 QED 理论。实际上将镜像对称、旋转对称、平移对称、时间对称等引入 QED 理论并不困难，有难度的是引入规范对称性。

那什么是规范对称性？ 规范对称性概念有点抽象，要理解**规范对称性**首先要理解**相位变化**。场论将基本粒子视为某种波的振荡模式，也就是不连续的能量波幅。**对波的不连续的旋转对称就需要相位来描述。** 相位指波的周期变化中某一时刻该波实际所在位置的标度，或者说某一时刻该波周期变化的度量。对标度和度量概念感觉陌生也没关系，实际中基本粒子的相位变化就是角度旋转的**整倍数**变换，比如 90°、180°、270°、360° 或 180°、360° 等。

电子的规范对称性，实际在说电子场中电子的相位变化自由度并不会导致场论失效。 再简单点说，就是每个作为电子的谐振子，相位变化的自由度不会影响到谐振子整体共振的和谐。

实操中物理学家们是通过额外引入规范（相变）场来抵消基本粒子在不同时空（坐标）点的相位差，从而维持了 QED 的有效性。 QED 框架下光子的相变在理论上具有横、纵和标量三个方向上的自由度，所以必须通过引入适度规范条件让纵光子和标量光子效应相互抵消，只剩下横光子。因为狭义相对论中光是横波，现实世界中光也是横波，所谓光在纵或标量方向上的自由度没有意义。

纵光子和标量光子效应相互抵消的确是人为计算操作的结果，因此不少科普文章都错误地宣称"规范对称性并非真实存在"。但现实世界中光子就是横波，并不存在纵波或者呈标量态的光子，规范对称性当然是基本粒子真实存在的物理属性，只是规范对称性背后的物理机制还不清楚。QED 源起量子化麦克斯韦场，正是麦克斯韦场允许光子相变在横、纵和标量三个方向上都拥有自由度。因此，QED 理论和规范对称性可谓一体双生，一荣俱荣，一损俱损，谁也离不开谁。

引入了规范（相变）场的电子场简称电子规范场。规范对称性也适用其他场（基本粒子），**引入了规范对称性的 QED 理论又被称为规范场论。但规范场论的规范对称性仅限一维。杨振宁敏锐地察觉到规范场理论不适用弱力和强力的问题就出在这里。**

现在话题回到杨振宁和弱力强力。物理定律都是有适用条件作前提的。因为现实物理环境复杂，各种相互作用交织在一起，物理研究根本没法兼顾，只能一步一步来。先用容易理解的宏观物体举个例子。假设有一个完美的球体，具备旋转对称性。假设这个完美球体不仅在旋转，还在做匀速直线运动，所以也具备平移和时间对称性。但这一切只存在理论上的可能，实际上这个球体不可能做匀速直线运动，现实物理世界里无论空气还是地面都有摩擦力，如果附近有超大质量物体，完美球体自旋就会受到引力干扰。如果受到另外一个物体撞击，完美球体自旋角动量和运动状态可能被完全改写。

完整描述这个所谓的完美球体在实际环境中的自旋情况，一般先不考虑摩擦力影响，而是专注球体匀速直线运动，求出球体的角动量，之后再引入摩擦力对角动量的扰动。**场论中的电子场和电磁场都是为了研究方便，从现实环境中"剥离"出来的仅理论存在的"理想"场。研究电子只考虑电子场，研究光子只考虑电磁场，研究电子和电磁场的相互作用也只限光子**

（**虚光子**）。现实中情况却是电子、光子、磁场是一个整体，电子不仅与光子相互作用，电子还与磁场相互作用。电子在磁场中会旋转，也会自动流向电势高的地方，就像水会从高处流向低处。而且电子还有自旋，电子的自旋也会产生磁场。

因此，QED 在处理电磁力时将虚光子视作点粒子，电子被视为一个一维的旋转的圆。虚光子是一种无法直接观察到的转瞬即逝的奇妙存在，把虚光子视为奇点般的点粒子是可行的；同时电子在电磁场中会因磁场而发生旋转，点粒子的电子旋转轨迹就是一维的旋转的圆。结果就是 QED 理论中虚光子与电子的相互作用（电磁力）就是点与线的关系。

这里需要解释一下什么是点粒子。基本粒子（量子）都是波粒二象性的。但量子力学理论中似乎只有哥本哈根诠释关注基本粒子的波粒二象性，而以 QED 为代表的量子场论视基本粒子为场中波的振荡，并不再把基本粒子作为粒子对待。

实际上这是误解。因为哥本哈根诠释就是解释为什么基本粒子具有波粒二象性的理论，而以 QED 为代表的量子场论则为描述基本粒子而生。通俗地说，以 QED 为代表的量子场论暂时解释不了为什么基本粒子具有波粒二象性，但 QED 的场方程运算实际在用波的振荡模式描述基本粒子物理性质、运动和相互间作用力，是在用频率换算动量。频率是波的特征，动量是粒子特征，场方程运算过程就是基本粒子具有波粒二象性的体现。

但如何实现频率与动量的换算？QED 一度无法开展电磁力计算，依靠"重整化"才攻克了难关。实际上 QED 还有个计算难关，就是处理单个谐振子的振荡频率。QED 用大量谐振子的谐振成功模拟大量电子集体运动的叠加态，从而帮助量子力学走出了薛定谔方程只适合描述单个电子的困境。**反之亦然，谐振子谐振牵一发而动全身，单个谐振子的振荡频率又变得难以计算了。**单个电子的振荡还可以回归薛定谔方程，但单个光子怎么办？电磁作用力怎么办？物理学家解决之道是借助**傅里叶变换**。

傅里叶变换是数学上用于时域（空域）坐标和频域坐标之间变换的一种线性积分工具，因法国数学家傅里叶首创而得名。在这里可以将频域简单视为波的频率，处于谐振叠加效应中的单个谐振子的振荡频率可以变换为空间内所有点粒子的动量的集合。

通俗地说，就是将因谐振而叠加态趋向无限 ∞ 的振荡频率变换为数量无限的点粒子的动量。虽然点粒子数量趋向无限 ∞，但每个点粒子的动量是独立且有限值的，这样就可以通过对所有动量求导间接得到单个谐振子振荡频率的信息。

现实世界中基本粒子当然不是点粒子，有自旋，自旋还会在磁场中产生磁轨。傅里叶变换中谐振子被视为点粒子，正是因为不用考虑基本粒子的自旋磁轨什么的。所以"量子力学认为基本粒子是点粒子"只是计算手段，这与用牛顿定律计算两个星球间引力大小随两个星球间距离变换而变化时，可以将星球视为质点，计算时只考虑两个质点的间距和质量是一个道理。

总之，光子和电子都被视为点粒子的电磁力可以用一维的点线处理，**因此对应引入的规范场也是一维的**。如果弱力和强力涉及更高的维度，那么需要引入的规范场也必须是高维的。杨振宁和米尔斯正是考虑到了这一点，携手推出了**杨一米尔斯场，规范场的高维版本**。

规范场高维化的结果是将电磁力、弱力和强力成功统一到了同一个理论框架内。电磁力规范对称性基于一维的圆，弱力规范对称性基于三维球体，而强力规范对称性需要八维物体。结果就是电磁力传递只需一种玻色子即光子，弱力传播则需要三种玻色子 W（W^+W^-）玻色子和 Z 玻色子，强力传播需要的胶子得具有八种相位的旋转不变性。**胶子、W 玻色子和 Z 玻色子的多态又同时要求夸克具有"六味三色"。**

杨—米尔斯场不仅要求传递力的玻色子和胶子具有多种相位旋转不变性，连受力的费米子也被要求具有相应的相位旋转不变性。以至于夸克理论的相位旋转不变性多达六种，俗称"六味"，被人为命名为上夸克、顶夸克、粲夸克、底夸克、下夸克和奇夸克。这还没完，每味夸克还有三种相位旋转不变性，即俗称的夸克三色"红黄蓝"。夸克六味与弱力相关，而夸克三色与强力相关。

味和色都是宏观概念，微不可见的夸克当然没有味道也没有颜色。这里用味和色命名相位旋转不变性，只是发现者的个人喜好。如果我第一个发现每味夸克还有三种相位旋转不变性，就命名为太阳、星星、月亮。那么今天物理教科书再也没有色夸克，只有太阳夸克、星星夸克和月亮夸克。量子色动力学也要改称量子太阳、星星、月亮动力学。

那这些"味和色"到底是怎么得来的？实际上"味和色"最初只是方程的理论值。杨—米尔斯场高维化了规范对称性，从物理方程和数学运算角度来说就是场方程的张量高阶化，从 1 阶张量向 2 阶和 3 阶张量进军。高阶张量听起来好像很高大上，实际底层逻辑也很简单。

之所以说**"杨—米尔斯场的规范对称性高维化从物理方程和数学运算角度来说就是场方程的张量高阶化"，**是因为规范

对称性属于量子力学场论范畴，其物理方程本来就是场方程。
不仅量子力学场论用的都是场方程，实际上广义相对论也是场
方程。第一个量子场方程就是麦克斯韦场方程的量子化。

那什么是张量？张量可以视为矢量概念的扩大，标量是 0
阶张量，矢量是 1 阶张量，往上还有 2 阶张量、3 阶张量。别
管抽象的定义，举个实际例子大家就一目了然。

电磁力的 QED 场方程计算以 1 阶张量为基础。因为 QED
视传播电磁力的虚光子是一个点（想象用锋利的铅笔笔芯在一
张平整的纸面戳一个洞），电磁力作用就是点的运动，点的运
动轨迹连起来就是线，所以用几何图形表示电磁力作用就是一
个标准的矢量，即一维的箭头：———➤。

而完整描述一个三维空间（四维时空）中一个标准矢量的
信息，一个笛卡尔坐标系参数就够了。所谓笛卡尔坐标系，就
是常见的 *xyz* 三维直角坐标系（左下图）。假设一个笛卡尔坐
标系参数为 2、2、0（右下图），这就是一个 1 阶张量，因为
该矢量（点）在坐标系每个方向（轴）上只有一个分量一个数
值（见图中虚线部分）。

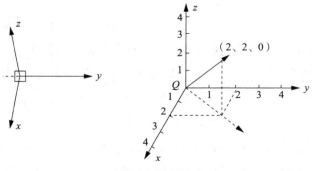

笛卡尔坐标系

通常记作：
$$
\begin{matrix}
x \\
y \\
z
\end{matrix}
\begin{pmatrix}
2 \\
2 \\
0
\end{pmatrix}
$$

但杨—米尔斯场的规范对称性高维化，传递弱力和强力的信使粒子与质子、夸克的相互作用不再是点与点，或点与线的接触，至少也是线与面，或一个面与一个面的接触。一个面的受力和运动（矢量方向）情况就复杂多了。首先一个点只有一个受力位置，而一个面可以有多个受力位置；此外一个点自身没有张力，点的运动（矢量方向）与受力方向一致，但一个面自身存在张力，相互作用时受力位置不同，受力的大小和面的运动（矢量方向）都会发生变化，这又（为什么要说"又"）成了一个排列组合问题。那么完整描述一个三维空间（四维时空）中一个面的信息，需要几个笛卡尔坐标系参数？

需要 9 个分量就是 2 阶张量，需要 27 个分量就是 3 阶张量。下图是 2 阶张量的示意图，3 阶张量的示意图太复杂就略过了。

$$
\begin{matrix}
x \\
y \\
z
\end{matrix}
\begin{pmatrix}
xx & xy & xz \\
yx & yy & yz \\
zx & zy & zz
\end{pmatrix}
$$

现在明白夸克"六味三色"的理论出处了吧，都是高阶张量惹的祸。所以杨—米尔斯场维基础的量子色动力学预测的基本粒子不仅种类繁多，而且每种基本粒子还拥有多个相位的旋转不变性。虽然量子色动力学繁琐不讨喜，但还是成为量子力学的主流理论，**因为基于杨—米尔斯场预言的基本粒子及其多相位形态竟然陆续都被找到！**

容纳了弱力的规范场理论被称为量子弱电动力学（量子电

动力学和量子弱力力学）。容纳了强力的规范场理论如果取名量子电动力学、弱力和强力力学，名称实在太长了，于是根据夸克的"六味三色"命名为量子色电动力学。量子弱电动力学和量子色电动力学的规范场都是杨—米尔斯场，杨—米尔斯场又是 **QED** 标准规范场的升级，可谓一脉相承。所以**量子弱电动力学、量子色电动力学和 QED 又统称为量子规范场理论，或量子场论**。基本粒子一箩筐的标准粒子模型就是量子场论的杰作。

公元 1967 年，美国成立了国家加速器实验室。这就是后来为纪念物理学家恩利克·费米而更名的费米加速器实验室。费米原是意大利人，因反对墨索里尼的反犹太主义而逃亡美国。费米在核能研究方面颇有建树，被誉为"原子弹之父"，构成物质的费米子就是费米最先给出理论预言的。传递力的玻色子理论则是印度物理学家萨特亚德拉·玻色最先提出的。这两类粒子也分别以他两人的姓氏命名。

恩利克·费米，意大利裔美国物理学家，1938 年因发现新元素和通过核辐射和轰击方法发现核反应而获得诺贝尔物理学奖。
（© 维基／公版）

费米加速器实验室通过质子同步加速器加速质子（反质子）以接近光速的速度对撞，让人类得以"看见"质子和中子的内部世界——构成质子和中子的夸克，结果真发现了上夸克和顶夸克。

　　稍早于费米加速器实验室，公元 1959 年，欧洲核子研究组织 CERN 在法国和瑞士边境率先建成了欧洲自己的质子同步加速器。发现希格斯粒子的大型强子对撞机（LHC）也是由 CERN 建造。LHC 建成之前，质子同步加速器已经帮助 CERN 发现了 W 玻色子和 Z 玻色子。

　　巧合的是，美国国家加速器实验室自从更名为费米加速器实验室，迄今为止"看见"的都是费米子。而 CERN"看见"的都是玻色子。最终在量子弱电动力学和量子色电动力学带领下，在费米加速器实验室和 CERN 的实操下，造就了今天物理学界主流的标准粒子模型，如下图所示：

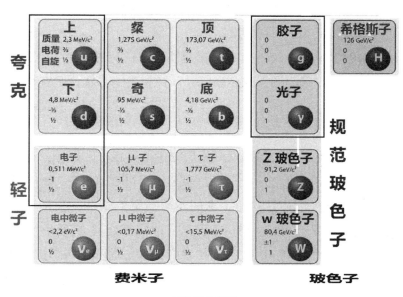

标准粒子模型

　　如此多的基本粒子被发现，在证明量子弱电动力学和量子色电动力学正确的同时，也让物理学家陷入困惑。基本粒子数量太庞大了，总计已有 61 种。其中只有中微子不是理论预言的产物，最初是科学家在研究弱力引发原子核发生衰变的产物时，为让衰变现象符合质量守恒定律而硬凑出来的。

根据质量守恒定律，衰变前后质量应该相等，但实验结果却是衰变后产物的质量之和总低于衰变前的原子核的质量，于是泡利推测衰变产物中存在一种尚未被发现的只参与弱力作用的新粒子，这就是中微子。自旋 1/2 的费米子，质量很小，且不带电，所以被称为中微子。由于中微子只参与弱力作用，又小又不带电，因此很难被观察到，但经过物理学家们多年的不懈努力，终于在 20 世纪 90 年代于来自宇宙的高能射线中发现了中微子，证实了泡利的推测。

物理学家们很快从发现众多基本粒子的兴奋中冷静下来，然后是懊恼。因为杨—米尔斯场"孕育"出的基本粒子实在太多了，取名都成了难题，希腊字母表不够用了。都是基本粒子还配叫基本粒子吗？

以至于因成功破圈而妇孺皆知的希格斯粒子的理论首次成形时，物理学家们的第一反应竟是"该死的（GODDAMN），又是新粒子！"之后物理学家们本着自黑的精神一直用"该死的粒子"来代称希格斯粒子。待希格斯粒子的理论逐渐成熟，要在学术期刊上公开发表的时候，期刊编辑才想起 GODDAMN 这个词太不雅观了，于是砍掉了 DAMN，只保留了 GOD，希格斯粒子终获得"上帝（GOD）粒子"的尊称。

第 ⑮ 章
宇称不守恒和对称性破缺

解决了旧问题，就会冒出新问题。量子弱电动力学和量子色电动力学不仅成功解决了规范场论与弱力和强力不相容的难题，还取得了统一电磁力、弱力和强力的伟大成就，但也面临一系列新的挑战。

最大的挑战无疑是玻色子质量之谜。**按照杨—米尔斯场理论，所有传递力的玻色子都必须质量为 0**。想象一个装满水蒸气的黑体，黑体内部温度必须保持相当的均匀，一旦水蒸气开始凝结成水滴，黑体内部温度的均匀就会被打破。将质量为 0 的玻色子比作水蒸气，将质量不为 0 的玻色子比作水滴，将相位不变性比作均匀温度，不难看出，**传递力的玻色子必须质量为 0 才能确保传递力的过程中与费米子作用而不破坏规范对称性**。

但传递弱力的 W 玻色子和 Z 玻色子都具有质量，而且实验中已经测量出了 W 玻色子质量的大小。正因为 W 玻色子和 Z 玻色子都具有质量，弱力传递距离有限，核辐射范围才会有限。如果 W 玻色子和 Z 玻色子和光子一样质量为 0，那么核辐射就会和电磁场一样充斥整个宇宙。这让量子场论一度陷入危机，史称第一次场论危机。

不过第一次场论危机来得快，去得也快。杨—米尔斯场诞生三年后的公元 1956 年，杨振宁又和自己的同事李政道提出了弱力宇称不守恒，破解了玻色子质量之谜。

宇称守恒一直被认为是理所当然的事实。宏观层面，宇称守恒等同于镜像对称，左跟右难道不是镜像对称的吗？镜子前的你和镜子里的你难道不是镜像对称的吗？而且电磁力、强力和引力也都被证明是宇称守恒的。但"θ-τ 之谜"动摇了宇称守恒的普适性。

几乎与杨—米尔斯场诞生同时，物理学家们在研究来自宇宙的射线时观察到两种新的介子 θ 和 τ。θ 介子和 τ 介子的自旋、质量、寿命、电荷等物理属性完全相同，可以认为这两个介子就是同一种粒子。但 θ 衰变时会产生两个 π 介子，而 τ 则衰变成三个 π 介子。如果 θ 介子和 τ 介子是同一种粒子，τ 介子衰变产物怎么会多出一个 π 介子；如果 θ 介子和 τ 介子是不同的两种粒子，又如何解释 θ 介子和 τ 介子的自旋、质量、寿命、电荷等物理属性完全相同，衰变之前根本无法区分。李政道和杨振宁指出 θ 介子和 τ 介子就是同一种粒子（后来被统称为 K 介子），之所以 τ 介子衰变产物多出一个 π 介子是因为引发衰变的弱力宇称不守恒造成的。

李政道和杨振宁关于弱力宇称不守恒的观点，最初并没有受到重视，毕竟彼时物理学界坚信万物宇称守恒才是主流。毕竟电磁力、强力和引力都宇称守恒。于是李政道和杨振宁求助于另一位美籍华裔物理学家吴健雄。

吴健雄这个名字很阳刚，本人是一位女性，在放射性元素（原子核衰变）领域成名已久，有着"东方居里夫人"的美誉，是李政道和杨振宁的大前辈。吴健雄后来当选美国物理学会第一位女会长。

吴健雄决定亲自试验来验证弱力宇称不守恒。吴健雄的实验原理并不复杂，通过外置电流方向左右相反的两个电场，人为让两个放射性元素钴 60 互为镜像。然后观察这两个互为镜像的钴 60 衰变产物电子的出射方向。

放射性元素钴 60 会衰变为另一种更稳定的金属镍，同时释放出电子和反中微子。吴健雄的实验中有左右相反的两个电场，其中一个电场的电流方向与钴 60 自旋方向相同。钴 60 自旋方向是右手性的，电子的出射方向多与钴 60 自旋方向相反，因此钴 60 释放出的电子出射方向具有左手性。

另一个电场的电流方向与钴 60 自旋方向相反，这会导致该钴 60 的自旋被电流改变为左手性。如果弱力宇称守恒，左手性自旋的钴 60 释放出的电子出射方向应该是右手性的。

实验结果却发现**上帝是个左撇子**，互为镜像的两个钴 60 释放出的电子出射方向都是左手性的，从而证实弱力宇称不守恒。**弱力只作用于顺时针自旋的基本粒子**。根据泡利不相容原理，原子内部每个能级只能容纳两个电子，一个顺时针自旋电子，一个逆时针自旋电子，由于弱力宇称不守恒，弱力只会作用于顺时针自旋电子。

弱力宇称不守恒被证实的两年后，李政道和杨振宁即获得了诺贝尔物理学奖，可谓火箭速度，足见彼时物理学界对弱力宇称不守恒的震惊。这也让杨振宁对杨—米尔斯场的贡献一度被遗忘。实际上今天的量子力学场论多建立在杨—米尔斯场基础之上，杨振宁完全配得上第二个诺贝尔物理学奖。

弱力宇称不守恒不仅解释了"θ-τ 之谜"，也解释了为什么传递弱力的 W 玻色子和 Z 玻色子会具有质量。W 玻色子和 Z 玻色子与其他玻色子一样本没有质量。但因为弱力宇称不守恒，让传递弱力的 W 玻色子和 Z 玻色子有了质量。

场论将基本粒子视为不连续的波以便进行函数计算。波（无论连续波还是不连续的波）的传播方式大体上可分为三类，纵波、横波、纵波 + 横

横波与纵波

波的叠加态。沿着传播方向运动的波是纵波，垂直于传播方向运动的是横波。形象地说，纵波就像一根可以无限直线延伸的金箍棒，横波就像一根抖动中的体操棒上的彩带，横波也是最常见的波形态。

日常生活中的声波是纵波，而光是横波，地震波就是纵波 + 横波。**横波的光是没有质量的，但在超导实验中光子有了质量**！

所谓超导体不是一种物质，而是一种状态，指在某一特定温度下，导体的电阻为零。不同的导体进入超导状态的特定温度不同，可能是极低温，也可能是极高温。荷兰物理学家卡末林·昂内斯是超导现象的发现者。公元 1911 年的一天，卡末林在实验中让汞暴露在稍低于 4.2K 的极低温环境中，结果汞的电阻消失了。接着公元 1933 年，还是荷兰的物理学家迈斯纳和奥森菲尔德共同发现了超导现象的另一个性质，即神奇的"迈斯纳效应"：**在极低温条件下进入超导状态的导体，不仅**

电阻为 0，还会让导体内电磁场消磁， 即所谓的 "磁力线似乎一下子给挤出导体，导体内的磁场消失了"。

可能 "迈斯纳效应" 听起来陌生，但这个画面大家一定不陌生——在一个浅平的锡盘中，放着一个硬币大小但磁性很强的磁体，然后降低温度直到锡盘出现超导性，这时磁体会慢慢地飘起离开锡盘表面，在距离锡盘表面很近的空中悬浮不动。

迈斯纳效应中的超导体，具有极大工业潜力（© 维基 / 公版）

为什么超导状态下导体会出现消磁现象？我们知道，磁场不是单独存在的，而是电磁场的一部分，因此有物理学家提出是因为在超导状态下导体内部的传递电磁力的光子具有了质量，导致磁力线给挤出导体内部，更准确地说是磁力线被有质量的光子堵在了导体之外。光子质量为 0，所以能够光速传播，而光子一旦具有了质量就会立即减速，就像常见的堵车现象一样，进入超导状态导体内的光子突然有了质量就等于光子突然刹车，在导体内部造成通路拥堵，结果磁力线就被堵在了导体之外。

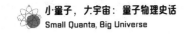

　　如果这个解释正确，那么质量为 0 的光子**在极低温条件下进入超导状态的导体**内又是如何获得质量的？

　　这需要先进一步解释导体和超导状态。通常所说的导体就是导电性良好的物质，比如金属就是优质的导体。金属能够导电是因为金属内部有自由活动的电子。这里以大家都熟悉的金属铁为例，铁由铁原子构成，但铁原子并不稳定，常以铁离子和自由电子形态存在。铁离子即失去最外层电子的铁原子，自由电子即最外层摆脱铁原子核束缚的电子，铁离子和自由电子的关系就像放风筝的人和飘在空中的风筝。简单说就是最外层摆脱铁原子核束缚的电子并没有足够能量离开铁原子飞向宇宙，只是在铁原子内部争取到了一定自由。但正是这些铁原子内部自由活动的电子让金属铁导电。给一块金属铁通电，会让构成该铁块的每个铁原子内部自由电子全部向一个方向排列，电流就出现了。

　　电流在金属内部流动时会与金属正离子频繁碰撞，导致电流运动受到影响，这就是电阻的实质。通电的铁块，电流会和铁离子碰撞，但对电流运动影响不大，因此铁具有良好的导电性。

　　极低温条件下，该铁块会进入超导状态，即每个铁原子都进入了最低能量态。首先铁原子的所有电子，铁离子的电子和自由电子，都进入了不活跃的最低能量态；几乎同时，铁原子的所有电子还会全部向一个方向排列，也就是说铁离子的电子也会和自由电子（电流）同向运动，这样铁离子就不会再与自由电子（电流）碰撞，这就是超导状态下电阻为 0 的真相。电阻（铁离子和电流持续相撞）会打破最低能量态，处于最低能量态的铁原子就不会有电阻的存在。

关键的来了！ 由于不确定性原理，基本粒子的动量和位置无法同时观察测量。前面检验 EPR 悖论时已经说过，去测量粒子自旋轴心的朝向，就会破坏粒子的自旋，我们永远无法获得粒子被测量前的自旋轴心的朝向。

同理，超导状态下，所有电子都同处于最低能量态，并向同一个方向排列，意味着电子自旋轴心的朝向一目了然了。那么电子自旋角动量大小又成谜了。这将导致基于角动量守恒的旋转对称性可能不再对称。而规范对称性与基本粒子自旋的相位变化密切相关，这是不是意味着**超导状态下，电子将不再具有规范对称性？**

日裔美国物理学家南部阳一郎的**答案是没有**。南部阳一郎认为超导状态下的电子不再遵守规范对称性，**并伴随着电子失去规范对称性而产生一种新的粒子，** 新粒子和光子一样都是玻色子，而光子正是被这个新的玻色子赋予了质量。南部阳一郎称这个过程为**规范对称性自发破缺**，他本人也因此获得了诺贝尔物理学奖。这个让光有了质量的新玻色子也被命名为南部—戈德斯通玻色子，因为同期美国物理学家杰福瑞·戈德斯通也提出了和南部类似的观点。

南部阳一郎有一个形象的比喻，假设体育馆就是导体，体育馆里的人就是电子，这些人各自一边单腿跳一边 360° 绕圈，这就是电子的自旋。所谓超导状态，就是体育馆里所有人不再单腿跳绕圈，而是静止不动同时向一个方向排列。但因为不确定性原理，能量趋 0 的量子会随机涨落，这些体育馆里的人身体可以静止不动，但并不妨碍这些人眼神交流。这里，体育馆

里所有人仍然静止不动并向一个方向排列象征着超导状态，这些人的眼神交流就是南部—戈德斯通玻色子产生过程。

眼神交流这种轻微的活动几乎不消耗能量，很容易发生，因此只要电子自旋角动量陷入不确定状态，就会自发对称性破缺并产生南部—戈德斯通玻色子。南部—戈德斯通玻色子质量为 0 且处于低能量态，因此单个存在的时间很短，但南部—戈德斯通玻色子是纵波。当作为横波的光子进入超导状态的铁块后，会与纵波的南部—戈德斯通玻色子纠缠在一起从而有了质量。相当于光子把南部—戈德斯通玻色子"俘获"了，光子自己也变重了。

对称性自发破缺理论解释了"迈斯纳效应"中光子如何获得质量，**将该理论适用范围拓展一步，同样适用于解释 W 玻色子和 Z 玻色子的质量来源，希格斯场论已是呼之欲出。**

第 16 章

希格斯场

通常说法宣称希格斯场论解决了万物质量来源的难题，这一说法是极不准确的，**质量本质上就是能量，**狭义相对论就给出了答案。希格斯场论只是描述了产生质量的另一种途径。

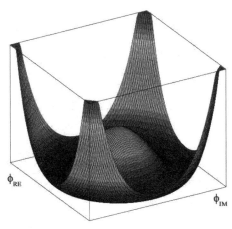

希格斯场（© 维基 / 公版）

宇宙现有的能量不会凭空减少或增加，只会从一种形式转换成另一种形式，包括转换成质量。通俗点说，质量可以简单理解为被场锁住的能量。实际上原子质量的约99%来自胶子场束缚（禁闭）夸克的强力的能量。已知的宇宙万物都由原子构成，也就是说，从宇宙的星辰大海到地球上每一个生物，质量几乎都来自强力的能量。

原子的质量基本等于原子核的质量，因为原子内部将原子核和电子结合在一起的电磁力能量只占原子质量的十亿分之一，电子质量也只占原子质量的千分之一不到。原子核的质量又几乎等于质子和中子的质量，因为原子核内部将质子和中子结合一起的核力只占原子核质量的百分之一。

质子和中子的质量约等于强力的能量。质子和中子内部胶子质量为0，夸克质量只占质子和中子质量的1%，而胶子禁闭夸克结合成质子和中子的强力能量高达质子和中子质量的99%。如果质量只有一个来源，那一定来自强力的能量。

现在我们总结一下，原子的质量分别由电磁力、核力、强力的能量和电子、夸克的质量构成。其中强力能量就占原子质量的约99%，其余电磁力、核力能量和电子、夸克的质量加起来才占原子质量的约1%。于是，真正的难题来了，电子和夸克的质量来自哪儿？

电子和夸克都是没有内部结构的不可再分的最小微粒，因此电子和夸克内部没有作用力产生的能量，电子和夸克的质量产生机制显然不同于质子和中子。中微子被找到后，中微子也不可再分。于是不可分的电子、夸克和中微子的质量来源成了标准粒子模型质量来源拼图的空白（注释18）。

对称性自发破缺赋予了光子质量，让物理学家们看到了补全质量拼图的希望。如果对称性自发破缺能赋予光子质量，为什么不能给夸克、电子和中微子赋予质量？

公元 1964 年，英国物理学家彼得·希格斯提出了今天妇孺皆知的希格斯场理论。希格斯的初衷并非补全质量拼图，而是完善对称性自发破缺理论，将其适用范围从超导状态的电子拓展到整个基本粒子层面。希格斯认为对称性自发破缺在宇宙真空中每个角落都在发生，自发破缺的过程中产生了新的粒子。新的粒子，按照场论理论，就是新的场，这个场即希格斯场。

但希格斯场产生的希格斯粒子不止一种，最低能量态的希格斯粒子即质量为 0 的南部—戈德斯通玻色子。不过**南部—戈德斯通玻色子成为 W 玻色子的纵波，赋予了 W 玻色子质量。在希格斯场理论中，**希格斯场还会产生一个处于高能量态、自身拥有质量的希格斯玻色子。**通常我们口中的希格斯粒子，包括 2012 年 CERN 宣布发现的希格斯粒子，指的都是希格斯玻色子。希格斯玻色子负责赋予夸克等费米子以质量。**

但无论南部—戈德斯通玻色子还是希格斯玻色子，都不带电荷，自旋为 0，反希格斯粒子就是希格斯粒子自己。

希格斯场是标量场，没有角动量只有势能。目前物理学界主流观点认为希格斯场几何形态像个墨西哥帽子，帽子顶点位置能量最强，帽檐底部位置能量最弱。

标量场的场值没有矢量，只有随时间变化的大小值。所以希格斯波的振荡模式就像原地上下振荡的弹簧。高能量态不稳定，随着时间推移由大变小，即从帽子顶点滑落向帽檐底部。如果该过程中有反复，就像小球从帽子顶点滑落后再反弹，反复上下弹跳，这时产生的就是横波的**希格斯玻色子**。反复上下

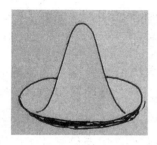

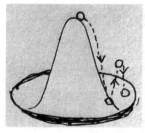

希格斯场的几何形态

弹跳应该不难理解，之前怎么形容横波的？"就像一根抖动中的体操棒上的彩带"。

如果能量衰减接近归 0，希格斯场会发生对称性自发破缺，就像小球从帽子顶点滑落后无力反弹，只能沿着帽檐底部边缘滚动，产生的就是纵波的**南部—戈德斯通玻色子**。

我们知道场论是符合规范对称性的，希格斯场也不例外，所以希格斯场振荡产生的希格斯玻色子也是遵循规范对称性的。帽檐底部是希格斯场能量最小、几乎为 0 的区域，也是希格斯场值几乎为 0 的区域。根据不确定性原理，场值趋向 0，就会发生真空量子级别的随机能量涨落，沿帽檐底部边缘滚动也会产生短命的希格斯粒子，即南部—戈德斯通玻色子。**所以南部—戈德斯通玻色子虽然来自希格斯场，但却是对称性自发破缺的产物，因为真空量子级别的随机能量涨落只遵守能量守恒，南部—戈德斯通玻色子不遵循规范对称性。**

希格斯粒子通过希格斯荷与其他粒子发生相互作用。希格斯荷思想来源于电荷，不带电荷即电荷为 0 的粒子，比如中微子，就不会与电磁场发生相互作用。光子不带希格斯荷，所以光子不会与希格斯粒子发生相互作用，也就不会被赋予质量，光子质量为 0。而其他粒子 W 玻色子或费米子夸克和电子因为带希格斯荷，所以会与希格斯粒子发生相互作用而被赋予质量。**粒子被希格斯粒子赋予质量的大小与这些粒子所携带希格斯荷值的大小成正比。**

希格斯场论的出现不仅解释了电子、夸克和中微子的质量来源，完成标准粒子模型的质量来源拼图，还为大一统理论扫清了障碍。之前介绍杨—米尔斯场时说过，杨—米尔斯场在理论上将电磁力、弱力和强力统一起来，实际上这个说法还有个瑕疵。杨—米尔斯场预言的玻色子都是没有质量的，包括传递弱力的 W 玻色子，而现实中 W 玻色子有质量。希格斯场为杨—米尔斯场解了围。希格斯场理论认为玻色子本来的确没有质量，光子和 W 玻色子本无法区分，电磁力和弱力原本就是同一种力；但因为 W 玻色子具有希格斯荷，最终 W 玻色子被希格斯粒子赋予了质量，有了质量的 W 玻色子再也无法跟上光子的脚步，弱力也就成了短程力，并失去宇称守恒，从此与电磁力分道扬镳。

同时，希格斯场论也问题多多。别的不说，希格斯场产生的希格斯粒子能够赋予其他粒子质量，那么希格斯粒子的质量由谁来赋予？还有，希格斯粒子赋予 W 玻色子质量之前，光子和 W 玻色子、弱力和电磁力本是统一的，那么希格斯粒子赋予 W 玻色子质量是什么时候，怎样发生的？弱力和电磁力又是什么时候分道扬镳的？

不过，既然希格斯粒子已经被发现，那么希格斯场论的所有问题终有一天都不再是问题，而是赢得诺贝尔物理学奖的赛点。

第 17 章

量子化相对论

今天物理学界主流观点认为弱力和电磁力分家，也就是希格斯粒子赋予 W 玻色子质量，几乎与宇宙诞生同时发生，大约在宇宙诞生后 $1/10^{12}$ 秒的一瞬。至此，量子力学场论和广义相对论的宇宙大爆炸理论会师，终于迎来量子力学场论和广义相对论结合，共同挑战宇宙起源这个能够解答我们从哪里来的终极问题的历史时刻。

在介绍量子力学场论和广义相对论结合之前，有必要先回顾**结合狭义相对论的量子力学场论视角下的宇宙：**

我们的宇宙是四维时空的，时空中充斥着各种量子场，如电磁场、电子场、杨—米尔斯场、希格斯场等。构成宇宙万物的基本粒子希格斯粒子、夸克、胶子、电子、光子等，都可以看作是各自的场内某种模式的波的振荡，不同的场有着各自不同的波的振荡模式，从而产生不同的基本粒子。光子来自电磁场，电子来自电子场，夸克和胶子都基于杨—米尔斯场，希格斯粒子则来自希格斯场。

基本粒子即古希腊人口中构成万物的不可再分的最小物质

单元。基本粒子大抵分为三类，费米子、玻色子和希格斯粒子。费米子构成物体，玻色子传递力，希格斯粒子可以赋予费米子和玻色子质量。

作为费米子的基本粒子只有夸克、中微子和电子；而作为玻色子的基本粒子有传递强力的胶子、传递弱力的 W 玻色子和 Z 玻色子，以及传递电磁力的光子；目前得到实验佐证的希格斯粒子则有南部—戈德斯通玻色子和希格斯玻色子。

夸克和胶子以强力形式聚合在一起构成了质子、中子，还有介子。介子作为核力介质将质子和中子聚合在一起构成了原子核。因此质子、中子和介子又统称为重子。

W 玻色子和 Z 玻色子作为弱力介质则会拆分原子核，并释放出中微子。而光子作为电磁力介质驱使原子核附近的电子和原子核结合，围绕原子核上下跃迁构成了原子。W 玻色子、Z 玻色子、光子、中微子和电子又统称为轻子。

原子内所有轻子的质量之和仅为原子质量的 1%，原子质量的 99% 来自重子，也就是原子核。原子核质量的 99% 又来自强力的能量，剩下 1% 来自夸克。夸克以及中微子和电子的质量源自希格斯玻色子，W 玻色子和 Z 玻色子的质量源自南部—戈德斯通玻色子，而光子和胶子的质量为 0。

作为不可再分的最小物质单元的基本粒子真的非常微小。基本粒子最小尺度单元是普朗克尺度约 1.616×10^{-33} 厘米，基本粒子存在的最短时间单元是普朗克时间 10^{-43} 秒，是光子走过一段普朗克尺度需要花费的时间。而基本粒子的最小质能单元是普朗克常数 $6.62607015 \times 10^{-34}$ 焦耳·秒。所有基本粒子的质能、体积、存在时间，都是这些普朗克单位的整数倍。

　　基本粒子不仅非常小，还具有奇异的波粒二象性。虽然量子场论在数学上将这些基本粒子都视为波，实际存在的基本粒子却是波粒二象性的，即是波也是粒子。因为基本粒子的波是量子化（不连续）的概率波，作为概率波的基本粒子一旦受到观察测量就会表现得像一个粒子。换句话说，基本粒子的波粒二象性遵循互补原则，展现在我们面前的只能是波和粒子其中一种状态，到底是波还是粒子则完全取决于观察测量的手段。

　　同时，基本粒子无论是波还是粒子，其运动也遵循类似的不确定性原理。我们无法同时观察测量到基本粒子的动量和位置的确定信息。测量到了一个基本粒子动量的信息，该基本粒子的位置就进入随机概率状态，反之，获知了一个基本粒子的确切位置，该粒子的动量就进入随机概率状态。基本粒子的自旋同样遵循不确定原理，无法同时观察测量到一个基本粒子自旋角动量的大小和轴方向。

　　不确定性原理也适用于产生基本粒子的场本身。待场值趋向 0，本来充满场的四维时空进入真空状态，就会发生量子级别的随机能量涨落，无中生有真空零点能。量子级别的随机能量涨落会产生短命的虚光子和虚电子，整个过程仿佛吹起一堆量子的能量泡沫。由于这些量子能量泡沫转瞬即逝，存在时间短于不可再分的普朗克时间，因而仿佛就没有存在过。看上去真空什么都没有发生，场值也没有发生变化。

　　但量子级别的随机能量涨落是不容忽视的客观存在，是电磁力不可分割的一部分，也是电子间"同性相斥，异性相吸"的根本原因。

　　概率波是造成基本粒子表现出波粒二象性和遵循不确定性

原理的"**罪魁**"。但概率波的波长很小，不足 0.1 纳米，因此物体尺寸只要在 0.1 纳米级以上就表现出单纯的粒子形态，波粒二象性现象消失了。幸运的是原子核和电子结合的原子的尺度都在 0.1 纳米级以上，因此原子彼此再结合构成的小到分子大到星球的物体都保住了客观实在性，遵循的是麦克斯韦电磁场理论和爱因斯坦的相对论。

但这并不意味着原子内外各自拥有一套物理定律。相反，麦克斯韦电磁场理论和爱因斯坦的相对论只是量子场论在大尺度和弱概率条件下的近似，就像牛顿力学是相对论在低速运动和弱重力条件下的近似。

举例来说，量子场论的狄拉克方程的谐振子从大尺度和弱概率条件下看来就是连续的波的振荡，可以直接推导出麦克斯韦场方程；反之亦然，对麦克斯韦场方程描述的连续的电子和光波量子化，就能得到狄拉克方程。

电磁场理论和相对论的场方程的微分量子化过程并不容易，不仅计算复杂，还需要"重整化"进行微调，以凑出预期结果，但成果斐然。已经成功实现麦克斯韦电磁场理论和爱因斯坦狭义相对论的量子化，除时空维度和时空弯曲（引力）之外，存在于时空之中我们已知的宇宙万物其构成和彼此间相互作用全部实现了理论量子化。通俗点说，宇宙万物从尘埃到星球星系，从微生物到人类，其构成和演化、运动规律和彼此间相互作用力，都可以由量子力学的量子场论进行描述。这意味着宇宙万物和物理定律的本质都是量子场的产物，宇宙万物的客观实在性和物理定律的确定性只是量子的概率和不确定性被大尺寸（0.1 纳米以上）掩盖起来后的近似。

狭义相对论与量子力学融合后，还游离在量子场论外的只有宇宙时空自身和时空与万物之间的相互作用力（引力），即时空弯曲。简单说，就是广义相对论还没有被量子化。看上去只要将广义相对论连续的大尺度的引力场方程成功改写为不连续的量子化的引力（子）场方程，就像狄拉克用狄拉克方程量子化麦克斯韦场方程那般，整个宇宙从万物到时空，乃至宇宙起源就都可以用量子场论来描述。

而且量子力学场论自身也要求量子化广义相对论。前面介绍规范对称性时已经提到量子场论需要去理想化，逐步将现实中各种相互作用力填充回来，待狭义相对论量子化成功后，只剩引力还没有加回到理想场来。目前为止，所有量子场论的场，无论最早的电磁场还是后来的杨—米尔斯场，都是以平坦的时空为前提的，暂不考虑大质量物体引发的时空弯曲效应。

同时，量子场论也无法解释场的起源问题。场的起源应该和宇宙起源息息相关，而探究宇宙的起源也绕不过广义相对论。

所以广义相对论量子化不仅是现代物理学理论形式上的大一统，也是解密宇宙起源，回答"我们从哪里来"这个终极问题的必由之路。

但这条必由之路走起来却异常艰辛。20世纪70年代初学界就已经有人试图量子化广义相对论了。到今天半个世纪过去了，还一筹莫展。虽然量子场论和广义相对论的物理方程本质上都是场方程，但只要引力因子加入量子场论方程就会出现无限大导致方程无解。量子化狭义相对论时也出现过方程结果无限大的难题，但有"重整化"助其渡过难关。为什么量子化广义相对论时连"重整化"也无计可施？

广义相对论的物理方程也是场方程，并与麦克斯韦场方程兼容；而量子力学的场论就脱胎于量子化的麦克斯韦场方程，某种意义上说广义相对论场方程和量子力学的场方程也算一脉相承。当然，广义相对论的场方程和量子力学的场方程区别还是很明显的：一个描述的是宏观尺度下，质量（能量）引发的时空弯曲振荡的模型；一个描述的是微观尺度下，能量持续自发振荡的模型。

既然成功量子化了麦克斯韦场方程，怎么量子化广义相对论场方程就成了理论物理学界无法逾越的高墙？困难到底是什么？

道理倒也简单。无论麦克斯韦电磁场理论、狭义相对论、广义相对论，还是量子化后的电磁场理论和量子化后的狭义相对理论，即量子弱电力学和量子色动力学，都有一个共同点，就是都是建立在确定性的时空坐标系基础上的。麦克斯韦电磁场和相对论自不用说，量子弱电力学和量子色动力学的杨—米尔斯场也是以确定的时空为前提的。通俗点说，就是宇宙时空本身是确定而实在的，是容纳各种场的容器。就像之前将宇宙时空比喻为虚空中的房子，无论房子里是具有实在性的麦克斯韦的电磁场还是充满不确定性的量子场，房子本身都是确定而实在的。而要量子化广义相对论意味着要量子化引力，也就是要**"量子化"**宇宙时空的弯曲，这本质上就是在量子化宇宙时空自身，这样一来连房子的存在也变得不确定了。因为根据量子场论，所有的场都会发生随机的量子涨落现象，当然引力场也不应该例外。引力场的随机量子涨落就是空间和时间的随机

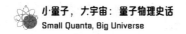

涨落，这样宇宙时空本身也变得不确定了。

用建立在确定时空坐标基础上的量子场理论去量子化时空本身，这好比用鸡蛋孵出的小鸡下的蛋去证明先有鸡后有蛋，这就不是数学或物理问题，而是哲学问题。所以物理学家们迄今也没有拿出一个有效的量子化引力方程式。实际计算中，强行将引力引入量子场论只会让弱电和色动力理论的方程变得无解，出现一堆无限大让运算根本继续不下去。

就在学界对量子化广义相对论几乎绝望的时候，突然崛起的弦论一度点亮量子化广义相对论的希望。弦论认为，基本粒子是一维的能量弦，给宇宙时空的不确定性画出了红线，一维弦大小之下的宇宙时空不用考虑。这意味着宇宙时空的不确定性也不用考虑了。

第 18 章

弦论 超弦论 M 理论

量子化引力出现之前，量子力学也遇到过无限大的难题，但通过"重整化"巧妙地回避了无限大。量子场的随机能量涨落，因为有最小时间单位普朗克时间的存在，普朗克时间之下的量子场随机涨落产生的无限能量泡沫被统统直接剔除。前面介绍 QED 理论时已详细说明，这里不再赘述。

但普朗克时间存在的前提是时间具有确定性，实实在在的客观存在。再简单点说，人类用来统计时间的单位，无论中国传统的时刻和时辰，还是今天全球通行的秒、分、小时等，必须是确定和客观的存在，设想如果"秒"这个单位都是不确定的，何来的普朗克时间等于 10^{-43} 秒？

所以，量子化引力时"重整化"失去了作用，因为时空也出现了量子涨落，空间和时间都变得不确定起来，时空坐标彻底崩溃。**而弦论巧妙地给出了时空维度的最小单位，也就是给出了时空坐标间隔的最小单位，即最小的不变的间隔，从而挽救了崩溃的时空坐标。**

今天我们人类对时空的本质仍然不清楚，但并不妨碍物理学家计算出时空的最小单位普朗克时间。这在物理学界也是常事。牛顿不知道引力本质但仍然推导出了引力公式，麦克斯韦也不知道电磁力本质，但也给出了麦克斯韦方程组。**实际上弦论给出的宇宙时空最小单位就是普朗克时间和普朗克长度。**

普朗克长度约 10^{-35} 米，而普朗克时间就是光走过普朗克长度花费的时长即 10^{-43} 秒。普朗克时间和普朗克长度并非弦论的发现，直接由普朗克常数推导而来。为什么之前量子场论对此"视而不见"，**因为不需要**。量子场论的基本粒子是波粒二象性的存在，既是点粒子又是概率波，是没有所谓实体最小单位的。理论上量子场论的基本粒子既可以无限大（作为概率波可以蔓延到整个宇宙空间），也可以无限小（作为点粒子可以视为奇点），量子场论的基本粒子从波到粒子，其概率波"坍塌"也是瞬间发生的，不受普朗克时间的束缚。简单地说，量子场论只需要确定的宇宙时空作为容纳场存在的容器，场方程相关计算涉及的时空坐标都是确定的，提前给出设定值的。

所以量子场论只有在处理电子场、杨—米尔斯场等不涉及时空（引力）的量子场随机涨落时，才能够实现"重整化"。因为非量子化的时空是确定的，空间大小和时间长短都是确定的，可以用普朗克时间来屏蔽掉计算中出现的各种无限大。而一旦开始量子化引力，量子化时空，量子场论就束手无策了。弦论则不同，弦论认为基本粒子是确定和客观的存在，是一维的能量弦。

弦论虽然也是量子力学分支，但弦论和量子场论是截然不同的两个理论。量子场论的基本粒子是波粒二象性存在，又是波又是粒子具有不确定性；**弦论的基本粒子是确定的实实在在**

客观存在的一维的能量弦。虽然弦是一维的，但作为基本粒子的弦非常小，最小单位仅有普朗克长度，看上去就像个点粒子，同时弦（能量）在振荡，所以看上去又像波。量子场论有关基本粒子的物理公式的数学基础是场论和群论，**弦论有关基本粒子的物理公式的数学基础是欧拉公式（β函数）和拓扑学。**

弦论认为基本粒子都是振荡的一维的能量弦，基本粒子的物理性质由能量弦振荡模式决定，不同的振荡模式产生了不同的基本粒子。简单地说，标准粒子模型表中所有基本粒子都可以视为一维的能量弦的不同振荡模式。通过给基本粒子大小设置最小单位，弦论里的宇宙时空其空间维度和时间维度都有了确定的最小单位，无限大引力自然也就屏蔽掉了。

但弦论诞生之初却备受冷落。因为弦论最初并没有用于量子化引力，而是被用于量子化强力。强力随着距离增加而增强的特性很像弹力，仿佛在拉一根橡皮筋，这就是弦论产生的契机。公元1968年，意大利物理学家加布里埃尔·维尼齐亚诺率先将β函数用于强力分析，开创了弦论。随着量子色动力学的成功，弦论顿显多余。而且弦论要求一维能量弦的振荡必须在二十五维空间内进行，才有足够数量的振荡模式将标准粒子模型表中的基本粒子全部纳入弦论。我们生活的宇宙是三维空间和一维时间的，二十五维空间是什么鬼？于是弦论很快被物理学界抛弃。

但弦论研究者并没有放弃。经过约十年的坚持，弦论的坚定拥护者、美国物理学家施瓦茨和法国物理学家乔尔·谢克通过弦论首次得到了疑似引力子的振荡模式，为弦论找到了真正

用武之地——量子化引力。

时间又过去了约十年，20 世纪 80 年代，弦论以超对称弦论（简称超弦论）的全新面目重返理论物理学的舞台。

所谓超对称是针对规范对称性而言，即在规范对称性之外再加一个自旋对称性。超弦论认为基本粒子的自旋，从弦论角度出发应该都是成对出现的，但彼此间自旋周期相差半个单位。也就是说自旋 1/2 的基本粒子都拥有一个自旋为 1 的超对称粒子伙伴。自旋 1/2 不就是费米子吗？自旋为 1 不就是玻色子吗？超对称弦论等于将费米子和玻色子也统一到了一个理论框架下。

有了超对称粒子的助阵，超弦论较之早期弦论更为简洁，只要求一维能量弦在九维空间内振荡就可适用标准粒子模型表中的所有基本粒子。加上一维的时间，弦论的宇宙时空实际是十维的。

但无论理论（相对论），还是实验观察，今天人类生活的宇宙时空是四维的，三维空间和一维时间。弦论十维空间那多出的六个空间维度到底是什么？在哪里？超弦论认为多出的六个维度就隐藏在三维空间，以**卡丘流形**形态纠缠蜷缩在一起。卡丘流形即卡拉比—丘成桐空间，由意大利数学家卡拉比提出猜想，美籍华裔数学家丘成桐完成数学证明。

卡丘流形的几何图形难以描述，大致可以想象成被揉成团的废纸。每个卡丘流形大小只有 10^{-31} 米，实在太小了，远远超出人类感官和今天人类探测技术能够观察测量的范畴，所以人类误以为空间只有三个维度。就像会议室中常见的白板，用高倍显微镜就能发现白板表面实际上仿佛月球表面般凹凸不平，但我们眼里的白板表面却光滑平整，因为人类眼睛的观察精度不够。

这里给大家解释一下什么是**"流形"**。流形概念颇抽象，定义是"局部有欧几里得空间性质"的空间。欧几里得空间即平直空间，**所以流形也可以认为是局部平直空间组合起来的非平直（弯曲）的空间**。我们人类生活的地球就是一个三维流形。地球是圆的，但不妨碍我们在纸上画条直线，也不妨碍我们建起方方正正的大楼。

通常对流形的解释就是这样，并没有错，但不太直观，或者说不太适合用于理解拓扑学和量子力学的关系。个人觉得这里以地图为例更能说明问题。地图也是流形，二维流形，二维平面的地图可以记录三维空间的信息。比如地图的等高线就记录了二维平面没有的高度。所以量子力学在讨论一个 N 维流形的时候，实际在讨论 N+1 维的空间，比如某量子力学理论引用四维流形概念，实际就是引入了五维空间。反之亦然，以四维空间为基础的量子力学理论也可以视作以三维流形为基础的理论。

卡丘空间也是流形，只不过是六维的。分析计算流形性质的数学工具就是拓扑学，所以弦论的数学基础建立在拓扑学之上。为什么弦论要选择卡丘空间作为四维时空之外另外的六维空间？因为弦论要引入量子化引力，而卡丘流形是理论上产生引力所需的最小能量单元！**牛顿和相对论告诉我们，引力与质量正相关，那么没有物质的空间有引力的存在吗？答案是肯定的。质量与能量是一枚硬币的两面，没有物质的空间只要有适当能量扰动也会产生引力，这适当能量扰动的图像"画出来"**

就是六维的卡丘流形。当然，现实中没有人可以直接画出六维物体的几何图形，但有计算六维几何图形的数学公式。

超弦论最耀眼的成果是给出了弦论的引力子方程式。广义相对论认为引力就是时空的弯曲，但时空发生弯曲的过程不是瞬间发生的，而是以波的形式光速传递出去的，即所谓的引力波。对量子场论而言，波即粒子，有粒子即有场，引力波即引力子，引力子即意味着引力（子）场。遗憾的是，由于量子随机涨落的存在，量子场论量子化引力失败，简单说就是拿不出引力（子）场方程式。甚至在猜测到引力子自旋周期为 2、质量为 0 的前提下，倒推也导不出引力（子）场方程式。而第一个通过数学计算求解出引力子性质的正是超弦论。超弦论将一维的能量弦分为开弦和闭弦，费米子和光子、W 玻色子和 Z 玻色子、胶子都源于开弦的振荡模式，而引力子源于闭弦的振荡模式。超弦论计算出的引力子正好自旋周期为 2、质量为 0。

但超弦论提出后并没有动摇主流的量子场论。因为超弦论核心的假设，一维能量弦的基本粒子和蜷缩在三维空间内的六维卡丘流形，一个是普朗克长度约 10^{-35} 米，一个稍大一些约 10^{-31} 米，都实在太小了。已知的基本粒子中电子半径约 10^{-18} 米，夸克半径才约为 10^{-19} 米，可见普朗克长度之小，已经远远超出今天人类技术可探知的范畴，根本无法用实验直接或间接进行观察测量。因为粒子对撞机的实验表明，10^{-19} 米的夸克就是我们的宇宙可观察测量的空间维度的极限，用高能粒子轰击夸克的结果，不会看到夸克内部更小的结构，而是直接得到微型黑洞。那么，根本无法用实验观察测量的物体真的存在吗？

反观量子场论，基本粒子的波粒二象性和随机量子涨落貌似挑战科学底线，实际上却都得到了实验证明。卡西米尔效应力证了随机量子涨落的存在，量子擦除实验和延迟选择实验则验明了基本粒子波粒二象性的真身。

同时，超弦论也没有解释较之电磁力、弱力和强力，为什么引力如此弱小。而且超弦论自身竟然有五个不同的版本。难怪超弦论仍然不入量子场论研究者的法眼。

很快弦论研究者再接再厉，在超弦论基础上又初创了 M 理论，不仅将五个不同的版本的超弦论统一起来，而且也解释了引力较之电磁力、弱力和强力小得微不可察的原因。

M 理论认为高耦合度的柔软的弦会叠加起来形成新的空间维度，就像大量纸张叠加起来会形成明显的高度，一维的高耦合度能量弦叠加起来就会变成二维的膜。耦合度用来衡量弦的硬度。比如一段吉他的琴弦和一段橡皮筋相比，相对更硬的吉他琴弦就是低耦合度，较软的橡皮筋就是高耦合度。**M 理论认为空间维度就是高耦合度的弦叠加"编织"而成的膜。**

因此，M 理论认为真实的宇宙实际是十一维时空的，相对论的宇宙只是镶嵌在十一维膜中的四维时空（算上蜷缩的六维卡丘流形则是十维时空）。

M 理论成为现代物理学诞生以来，第一个试图正面解答时空本质的理论，一度被视为能够解开宇宙全部奥秘的万有理论的候选。M 理论下的时空，其空间可以由高耦合度的能量弦"编织"而成。宇宙时空、引力和基本粒子在 M 理论框架下全部统一了起来，都是能量弦的杰作。高耦合度的软能量弦"编织"了宇宙的时空，低耦合度的硬能量开弦的不同的振荡模式构成了宇宙时空中费米子和绝大部分玻色子，比如传递电磁力的光子，低耦合度的硬能量闭弦的某种振荡模式构成了引力子。

之后，M理论进一步指出，不仅一维的高耦合度软弦可以叠加成二维的膜，二维、三维……N维的高耦合度软弦也可以叠加并形成四维、五维、六维……N维的膜。M理论认为真实的宇宙实际是N维的时空膜，相对论的宇宙只是镶嵌在N维膜中的四维时空（算上蜷缩的六维卡丘流形则是十维时空）；同时N维膜中除了我们生活的四维时空的宇宙，还存在其他时空维度的宇宙。于是膜宇宙又升级为Bulk宇宙，即桶宇宙，N维的宇宙桶内装着各种时空维度和流形的无数的宇宙。这些宇宙的时空维度和物理规律有的与我们生活的宇宙相近，有的则大相径庭。

而且这些宇宙的形态也是百花齐放。弦论的数学基石之一是拓扑学，同样的曲率在拓扑学里却有不同的流形，既可以是球形，也可以是水滴、甜甜圈、莫比乌斯环、马鞍面等流形。所以不同的宇宙具有不同的流形，可能是球形，也可能是水滴、甜甜圈、莫比乌斯环、马鞍面等流形。近几年科幻电影和小说里大行其道的多宇宙假说，以及水滴、甜甜圈流形的膜宇宙假说，大多师出M理论。

M理论的Bulk宇宙解释了引力弱小的原因。我们生活的宇宙里传递电磁力、弱力和强力的光子、W玻色子和Z玻色子、胶子都是开弦，而开弦无法离开四维时空，但闭弦则能够随意穿越空间维度，因此闭弦的引力子不受我们宇宙的四维时空的束缚，相当部分引力子逸散到Bulk宇宙中其他维度（宇宙）去了，导致从我们生活的宇宙的四维时空视角看来：引力变小了。

量子场论和相对论暂时都力所不及的统一电磁力、弱力、强力和引力的难题似乎让超弦论给解决了。而 M 理论甚至即将开启宇宙时空与物质、作用力的大一统的道路。**超弦论和 M 理论的出现，终于让弦论从理论物理的边缘角色一跃成为聚光灯下的明星。**

几乎同时，标准粒子模型理论基础的量子场论则面临第二次危机。标准粒子模型里没有暗物质（注释 19），随着暗物质被天文学家发现，刚走出玻色子质量阴影的量子场论再度受到质疑，可谓"按下葫芦起了瓢"。加之量子化广义相对论的失败，理论物理学界一度出现弦论才是量子力学正确方向的呼声。

但核心问题是超弦论和 M 理论可以被实验检验真伪吗？弦论可是素以无法被实验证明而著称的。而引力子让超弦论和 M 理论有了可以实验验证的途径。引力子逸散到其他维度（宇宙）的速度是有规律可循的，如果其他维度（宇宙）存在的话。

空间维度越高引力变小得越快，即引力波衰减速率越快。三维空间，即我们生活的四维时空，引力大小与距离的平方成反比；四维空间，即五维时空，引力大小则与距离的三次方成反比；五维空间，即六维时空，引力大小则与距离的四次方成反比。即使我们宇宙只有四维时空也无妨，因为 M 理论预测我们生活的宇宙时空之外还有其他宇宙存在，引力子逸散到其他宇宙时空去，同样会引发引力加速衰减。

遗憾的是开篇已经剧透了结果，LIGO 证实了引力波的衰减速率完全符合牛顿的引力方程式 $F = GMm/R^2$，即引力大小与距离的平方成反比，意味着宇宙有且只有四维时空（三维空间），并不存在更高空间维度的膜宇宙和 Bulk 宇宙，从根上推翻了超弦论和 M 理论。

第 19 章

量子化暴涨

超弦论和 M 理论的失败重创了弦论，也让理论物理学家们冷静了下来。看来宇宙并不愿意让人类轻易看透自己的秘密。

既然弦论的道路走不通，理论物理学家们又把目光聚集到了量子场论身上。就在超弦论和 M 理论遭遇挫折的同时，深陷二次危机的量子场论却迎来重大利好遏制住了颓势，标准粒子模型的希格斯粒子被 **CERN** 确认找到了。

希格斯粒子不仅是标准粒子模型的重要组成部分，同时希格斯粒子依赖的标量场还是宇宙暴涨理论的基石，而宇宙暴涨理论源于宇宙热爆炸起源说。用了十四章来介绍量子力学后，终于和第 4 章广义相对论的内容对接上了。

承接第 4 章，揭示引力本质后，广义相对论的研究重点转向了宇宙起源。如果能够研究明白宇宙起源自然也就知晓了时空的本质，等于同时回答了"我是谁""我从哪里来"的终极命题，还能预测一下宇宙的结局，等于也回答了"去哪里"的终极命题。

随着宇宙膨胀和微波背景辐射被发现，宇宙热爆炸起源说成为宇宙起源的主流观点。但热爆炸起源说有个硬伤，就是无法解释今天宇宙大尺度上却是各向同性，即宇宙时空整体平坦，能量和物质分布均匀。

20世纪80年代，美国物理学家阿兰·古斯提出了暴涨理论来解释宇宙的各向同性。阿兰没有直接采用相对论的场方程，而是借用希格斯粒子的标量场，就是那顶"墨西哥帽子"完成了暴涨理论。阿兰认为宇宙诞生之初，还处于高能量（极高温）状态，此时宇宙中存在一种未知的粒子，为叙述方便本书称其为"暴涨"粒子。

暴涨粒子可以看作第三种希格斯粒子，前面已经介绍过希格斯场会产生希格斯粒子和南部—戈德斯通玻色子。随着宇宙温度的降低，希格斯场从高势能滑向低势能，场值由大转小，场值直接归0，则产生纵波的南部—戈德斯通玻色子；场值有反弹则产生横波的希格斯玻色子。阿兰认为还存在第三种情况，如果希格斯场值变小、速度大幅落后于宇宙温度降低的速度，就像一个小球本应该从帽子顶点滑落向帽檐底部，却偶然停留在帽子顶点，这会导致小球对帽子顶点不断施压，最终压出个类似漏斗的凹面。一旦施压达到某个临界点，帽子内部压强转负，引力表现为排斥力能让漏斗瞬间反弹回去，将小球弹下帽子顶点的同时抚平帽子顶点的凹面，这一过程就是暴涨。停留在帽子顶点施压的小球就是暴涨粒子。

引力表现为排斥力的说法可能让有些读者一头雾水。实际上道理很简单，引力不是一种力，而是时空的弯曲，物体对时空施加的压强为正（可以想象在重物压力下表面内凹的蹦床），

引力就表现为吸引力；物体对时空施加的压强为负（可以想象将重物反弹到空中表面外凸的蹦床），引力就表现为排斥力。

或者想象你正双手抱着一个篮球，然后双手同时施力不断挤压篮球，将篮球挤压出"凹"面，一旦你力竭无法持续增加施力，篮球会瞬间反弹"填平"凹面恢复球状。

暴涨粒子需要的高能宇宙温度有多高？约 3×10^{28} 开尔文，而今天宇宙温度接近绝对零度，只有约 3 开尔文。按照宇宙热爆炸起源说，温度高达 3×10^{28} 开尔文的宇宙年龄仅 10^{-35} 秒。在暴涨粒子作用下，宇宙由 3×10^{-25} 厘米大小瞬间膨胀了 10^{30} 倍。上述整个暴涨过程在 10^{-33} 秒就宣告结束。之后宇宙进入减速膨胀阶段。

暴涨结束的同时暴涨粒子开始迅速衰变，成为普通的物质或基本粒子。这不难理解吧，因为暴涨结束意味着小球已经被弹离帽子顶点滑落到帽檐底部，小球就不再是暴涨粒子，而只可能是希格斯玻色子或南部—戈德斯通玻色子，压强归正引力也重新表现为吸引力。

减速膨胀大约持续了 45 亿年，宇宙又开始加速膨胀。虽然加速膨胀的速度和暴涨相比不值一提，到今天我们宇宙一直处于加速膨胀阶段，很可能永远加速膨胀下去。

这就是阿兰的暴涨理论预言的宇宙成长的经历。有两点需要进一步解释。首先，为什么宇宙开始暴涨时只有 3×10^{-25} 厘米？因为暴涨只会抹平宇宙时空曲率，而时空内部能量的不均需要宇宙暴涨开始之前光子就遍布时空各个角落给予抹平，这样才能得到今天各向同性的宇宙。宇宙暴涨从 10^{-35} 秒开始，3×10^{-25} 厘米正是 10^{-35} 秒内光子能走的距离。

其次，量子具有不确定性，即使光子抹平了宇宙时空内部的能量不均，量子随机涨落仍然会让宇宙时空不同点之间产生极其细微的大可忽略不计的能量差别，也就是温度差，数值比绝对零度还小十万倍。然而暴涨放大了原本微不足道的温差影响，这不是说温度差数值变大了，而是不同温度的区域都在暴涨中变大了，这样即使比绝对零度小十万倍的温差也变得显而易见了。就像手指大小的 PVC 人偶手办，如果材质和工艺相同，只是制作尺寸放大到真人大小，PVC 人偶手办原本洁白光滑的皮肤表面立即显得粗糙且遍布微颗粒。这让暴涨后整体变得光滑且各向同性的宇宙时空保留了一份粗糙的"手感"。但宇宙时空这份粗糙很重要，是引力转为吸引力后能够聚集能量和物质形成星系和星球的关键。这些粗糙的区域较之附近温度只高几开尔文，引力只略大一点，但经过万亿年不断将附近物质和能量吸引过来，日积月累最终聚集形成高温高密度的星球和星系。

阿兰的暴涨理论很好地解释了今天宇宙的模样，整体具有各向同性，又普遍存在高温高密度的星球和星系。晴朗夜晚遥望星空，我们看到宇宙时空是平滑的，不会看到一半夜空凸起，一半夜空凹陷，这是暴涨的功劳，时空已经被抚平；我们也不会看到夜空一半漆黑，一半星光万丈，而是繁星点点占据整个夜空，这因为暴涨前光子已经抹平了能量的不均，而那些遍布夜空的点点繁星就是时空粗糙的"质感"，是暴涨前量子随机涨落引发的细微温差的遗迹。量子随机涨落的真实性不仅有卡西米尔效应，还有了漫天繁星做证。

暴涨理论虽好，但带来的新问题也不少。首先，阿兰的暴涨理论前提是宇宙已经存在。**暴涨理论并不能直接解释宇宙的起源**，只是热爆炸起源说的补充。其次，阿兰的暴涨理论明确告诉我们只能观察测量到宇宙的一部分，甚至是微不足道的一部分。由于暴涨理论对暴涨之前宇宙时空大小只有下限没有上限，理论上暴涨前的宇宙时空可以无限大，结果就是可以量产无限的暴涨宇宙；我们生活的宇宙只是这些暴涨宇宙中的一个而已。

同时，暴涨理论还允许已经发生暴涨的宇宙边缘继续暴涨，就像单细胞分裂繁殖那样，也能产生新的宇宙。结果暴涨"生产"出较之弦论的 Bulk 宇宙还多的平行宇宙，暴涨"生产"的宇宙因为都经历过暴涨，又被戏称为泡泡宇宙。不过所有的泡泡宇宙都是四维时空的，不像 Bulk 宇宙拥有不同的时空维度。

虽然每个泡泡宇宙都是四维时空，但膨胀速率、宇宙大小、物理定律则各不相同，这取决于推动时空暴涨的排斥力的大小。实际关于这个排斥力还有个专门的术语，即**"暗能量"**。这里的"暗"不是指看不见，而是表示完全不了解。

暗能量的提法源于爱因斯坦提出的宇宙学常数 Λ。彼时爱因斯坦打算用宇宙学常数 Λ 带来的排斥力平衡引力的影响，维持静态宇宙的稳定。但引力来源很清楚，就是质量，按照爱因斯坦的说法"质量告诉时空如何弯曲"，但排斥力的来源是什么？爱因斯坦也不知道，于是称为"暗能量"，留待来日找到答案。结果哈勃发现宇宙在膨胀，宇宙学常数 Λ 被爱因斯坦抛弃，"暗能量"也就无人问津。直到阿兰的暴涨理论出现，物理学家们发现引发宇宙暴涨的表现为排斥力的引力不就是爱

因斯坦宇宙学常数 ∧ 要求的排斥力吗？于是对"暗能量"的研究再度启航。实际上阿兰暴涨理论里表现为排斥力的引力和爱因斯坦的宇宙学常数 ∧ 还是有区别的，阿兰的暴涨理论基于量子场论的标量场，暴涨理论里表现为排斥力的引力至多算是量子化的宇宙学常数 ∧ 。

　　较之爱因斯坦初提宇宙学常数 ∧ 时理论物理学界对"暗能量"的一无所知，暴涨理论认为"暗能量"就是表现为排斥力的引力，来自暴涨粒子即希格斯场的某种振荡模式，可谓向前迈进了一步，但仍然不清楚促成希格斯场发生这种振荡的原因，也就无法解释为什么我们生活的宇宙"暗能量"如此恰到好处。

　　按照暴涨的说法，暴涨源于表现为排斥力的引力，即所谓"暗能量"。暴涨粒子在希格斯场的墨西哥帽子顶点不断施压，最终压出个类似漏斗的凹面，一旦施压达到某个临界点，帽子内部压强转负，"暗能量"（表现为排斥力的引力）让漏斗瞬间反弹回去，将小球弹下帽子顶点的同时抚平了帽子顶点的凹面，这个过程就是暴涨。

　　暴涨理论预测"暗能量"占我们生活的宇宙总能量的70%，普通物质和暗物质加起来才占余下的30%，其中可见的普通物质仅有5%，也就是说地球生物和地球、太阳系、浩瀚的银河系、千亿计的河外星系，简言之全宇宙所有的星球和星系，热辐射加起来才区区5%，另外25%都是看不见的暗物质。

　　为什么暗能量占到宇宙总能量的70%，普通物质和暗物质加起来才占30%，暴涨理论暂时没有解释（注释20），只强调必须如此，否则我们生活的宇宙将不复存在。"暗能量"达到 70% 才能引发暴涨，将小球弹下"墨西哥帽子"顶点抚平帽子顶点的凹面；同时正好剩有 30% 的能量足够让被弹飞的小球从帽子顶点滑落后衰变为希格斯粒子，为宇宙带来普通物质和暗物质。如果"暗能量"远超 70%，就没有足够剩余能量确保被弹飞的小球衰变为希格斯粒子，物质无法被赋予质量，整个宇宙将空荡荡；反之，如果"暗能量"远低于 70%，过多的剩余能量会让宇宙中充斥过多的重子，进而引发时空坍缩。

第 20 章

我们的宇宙来自哪里

所 以暴涨理论诞生之初，并没有成为主流的宇宙起源理论，甚至让一些物理学家一度陷入哲学上的自我怀疑。今天我们可见的宇宙大约 930 亿光年，约 8.8×10^{28} 厘米，但暴涨理论告诉我们实际宇宙要大得多，而且宇宙还在加速膨胀，但因为光速的限制，现在我们只能看到 930 亿光年而已（注释 21），我们对宇宙的研究只是管中窥豹。更可怕的是，暴涨论还告诉我们宇宙数量几乎是无限的，多得就像海滩的沙子，而我们生活的约千亿光年的宇宙也只是其中的一粒沙子，仅是沧海一粟。难怪有物理学家感到己如尘埃，对物理定律、科学和文明甚至人类自身存在的意义都产生怀疑。

但暴涨理论预言的这些泡泡宇宙真的存在吗？我们连自己所在的宇宙都只是管中窥豹，更别提我们宇宙之外的宇宙了。今天的我们只能看到 930 亿光年范围内的宇宙时空，超出 930 亿光年的宇宙时空我们看不见也摸不着，引力波也是光速传递的，所以超出 930 亿光年宇宙时空的引力我们也感应不到。看不见摸不着，连引力都感应不到和根本不存在又有什么区别？

想象如果新郎在婚礼上给新娘左手无名指带上一枚钻戒，但新娘发现这枚钻戒她看不见也摸不着，而且左手无名指也感受不到钻戒的重量，大家觉得新娘会不会大骂新郎骗子并取消婚礼？

诡异的是暴涨理论其他预言却与观测相符。如果暴涨理论正确，宇宙时空瞬间膨胀 10^{30} 倍以上，那发生暴涨的那部分宇宙时空曲率应该为 0 或接近 0。也就是说，我们生活的宇宙在大尺度上是平坦的，是欧几里得空间的，而不是流形。

暴涨会放大之前量子随机涨落引发的细微温差的效应，为光滑的宇宙时空保留一份粗糙的质感。但这个细微温差的理论值非常小，几乎等于 0，比所谓的绝对零度还小十万倍。暴涨理论还预测我们生活的宇宙的总能量中可见的普通物质仅有 5%，30% 是暗物质，70% 是暗能量。

由于宇宙微波背景辐射的存在，我们可以通过研究宇宙微波背景辐射了解到早期宇宙的模样，以验证暴涨理论是否正确。

公元 1989 年，NASA 发射了宇宙背景探测者卫星（COBE），公元 2003 年又发射了威尔金森微波各向异性探测器（WMAP），公元 2009 年发射了普朗克巡天者，连续对宇宙微波背景辐射进行观察测量。

同时，天文物理学家在地面也连续实施了多个红外巡天计划，启用大口径望远镜对几十万个星系的光谱和红移数据开展连续观察和记录。

结果证实了暴涨理论的预测。我们生活的宇宙整体上各处微波背景辐射强度（温度）同为 2.726 开尔文，接近绝对零度，但在微观尺度上却存在细微的温度涨落，温差数值正是十万分之一开尔文的水准；宇宙的总能量约 68.3% 是暗能量，暗物质 26.8%，普通物质 4.9%；巡天者还通过三角定位法测量到可见宇宙时空的曲率等于 0，证实了我们生活的宇宙大尺度上是平坦的。

面对宇宙微波背景辐射给出的凿凿铁证，不管泡泡宇宙存不存在，显然暴涨理论都应该受到认真对待。在超弦论和 M 理论受挫后，暴涨理论也成为量子化广义相对论最后的希望。毕竟暴涨理论的暗能量依托于希格斯场，相当于量子化了爱因斯坦的宇宙学常数，部分量子化了广义相对论。

而且暴涨理论也是兼顾时空维度的宇宙起源理论。我们生活的宇宙的四维时空是三维空间和一维时间的"编织"体。但除了相对论，几乎所有物理理论都或多或少忽略了时间维度。牛顿力学方程不在乎时间之矢的方向，量子场论的场方程更是根本不需要时间之矢的存在，因为基本粒子的概率、不确定性都和时间无关。时间和时间之矢只存在于 0.1 纳米（原子核大小）尺度之上的宏观世界，于量子世界可有可无。

人类对时间知之甚少，甚至在现代物理学已经崛起三百多年的今天，仍然对时间本质一无所知。明确的只有时间之矢是单程票，只会从过去流向未来，这也只是相对论的观点。而且时间之矢，时间"流逝"之类说法是相当不严谨的，只是为方便叙述进行的类比（注释 22）。

换作热力学（注释 23）视角，时间之矢就是熵增的过程，从低熵迈向高熵的过程。熵是热力学的一个统计概念，一个封闭系统总从有序走向无序（混乱），即从低熵迈向高熵，熵值

越大越无序。

从能量角度理解熵的概念可能更直观。假设有一个两箱的玻璃水槽，左边是 100℃的开水，右边是 10℃的冷水，我们知道一段时间后，左边开水温度会下降，右边冷水温度会上升，理想状态下两箱水的温度会趋同都等于平均值 55℃，**这个过程就是所谓从有序走向无序，低熵迈向高熵的熵增过程。**

宇宙热爆炸起源说认为时空的起点，时间之矢的源头都来自百亿年前一个高温高密度的奇点，而高温高密度的奇点是高熵的。这就尴尬了，低熵迈向高熵的时间之矢怎么会有个高熵的源头？而暴涨理论化解了这一矛盾，暴涨抹平了时空，均匀了能量，带给宇宙各向同性的同时也给了宇宙一个有序低熵的开端。虽然这开端始于 10^{-35} 秒，至少也算有了解释。

这里需要强调的是，**时间之矢，总从低熵迈向高熵，只是时间的性质，不是时间的本质。**就像液态水会结冰或蒸发，这是液态水的性质，水分子才是本体。所以宇宙热爆炸起源说和暴涨理论都只给出了宇宙时间和空间的出处，却都没有直接解释时空本质到底是什么。

目前最符合观测数据的宇宙起源理论是量子化宇宙学常数的暴涨理论加持后的宇宙热爆炸起源 Lambda-CDM 宇宙模型，Lambda 参数就是经过修正调整数值后的宇宙学常数，指暗能量；CDM 指暗物质；所以 Lambda-CDM 宇宙模型又别名 **Lambda 参数（暗能量）的冷暗物质宇宙模型。该模型告诉我们：**

创世——宇宙诞生于约 137 亿年前一个体积无限小、密度无限大、温度无限高、时空曲率无限大的奇点的爆炸。爆炸那一刻宇宙时空诞生了。由于时间最小单位是普朗克时间 10^{-43} 秒，所以我们宇宙时空诞生那一刻时间是 10^{-43} 秒，宇宙大小约 3×10^{-33} 厘米，正是光在 10^{-43} 秒内走过的距离。此时宇宙温度高达普朗克热点，即约 10^{32} 开尔文（注释 24）。

暴涨和引力——之后时间来到 10^{-35} 秒，此时宇宙大小只有 3×10^{-25} 厘米，正是光在 10^{-35} 秒内走过的距离。这一刻宇宙温度降至约 10^{28} 开尔文，宇宙时空因为希格斯场产生的负压强发生暴涨。从宇宙时空诞生到发生暴涨这段时间我们知之甚少，只能猜测这个极小的宇宙时空每个角落都因为海森堡不确定性原理而在发生随机量子涨落。同时，维持今天宇宙运行的四种基本力引力、强力、弱力和电磁力也还没有分家，而是同一个力，被称为超力。

10^{-35} 秒宇宙时空发生暴涨，10^{-33} 秒暴涨结束，宇宙进入减速膨胀阶段。此时宇宙已经膨胀了 10^{30} 倍。宇宙膨胀速度显然远超光速，但与狭义相对论的光速不变原理并不冲突。狭义相对论的光速不变原理针对的是运动速度，宇宙膨胀是时空自身的"生长"，并非通常意义上的运动。

暴涨后引力从超力中分离出来，或者说表现为吸引力的引力从超力中分离出来。宇宙时空中有质量的物质还没有诞生，能量和物质几乎不可分。但希格斯场已经开始"生产"希格斯粒子。

质量和强力——之后时间来到 10^{-22} 秒，拥有希格斯荷的质量为 0 的基本粒子开始和希格斯玻色子作用获得质量。结果诞生了最早的费米子和玻色子，即物质最小单位的夸克和传递强力的胶子，强力也从超力中解放出来。

根据量子场论，基本粒子都有自己的反粒子，都是成对出现。正反粒子互相碰撞会湮灭并释放出光子。不同于希格斯粒子的反粒子就是希格斯粒子，每个正夸克有一个反夸克同伴，此时的宇宙不断创生新的正反夸克，正反夸克持续互相碰撞湮灭，释放出大量光子，整个宇宙时空就像一碗夸克—胶子态的炽热高压等离子浓汤（夸克等亚原子粒子都是比水更完美的流体状）。

如果宇宙中粒子和反粒子的数量是相等的，最后宇宙中就只剩下光子。幸运的是夸克和轻子的数量略微超过了反夸克和反轻子的数量——超出范围大约在三千万分之一的量级上，这一过程被称作重子数产生。这一机制帮助之后宇宙温度降低到基本粒子聚团形成物质的时候，重子多于反重子，轻子多于反轻子，确立了当今宇宙中物质相对于反物质的主导地位。

暗物质也应该在这时期诞生，但形成机制尚不清楚。

弱力和电磁力——时间继续前行来到 10^{-12} 秒，宇宙温度降到 10^{15} 开尔文。此时部分光子可能从希格斯场的南部—戈德斯通玻色子获得质量（注释 25），弱力和电磁力也分了家，至此，引力、强力、弱力、电磁力四种基本力形成了当今我们看到的样子。

物质（夸克、质子、中子和电子）——随着宇宙继续膨胀，这碗等离子浓汤的温度也进一步降低，10^{-6} 秒即大爆炸百万分之一秒之后，夸克和胶子（强力）开始产生相互作用形成诸如质子和中子的重子族。由于之前的重子数产生过程，夸克的数量要略高于反夸克，重子的数量也要略高于反重子。而此时宇宙的温度已经降低到不足以产生新的正反亚原粒子（夸克），从而导致了所有反夸克和反夸克构成的反质子、反中子的湮灭；正夸克以微弱的数量优势使得质子和中子有十亿分之一的数量保留下来。大约在 1 秒之后，电子和反电子之间也发生了类似的过程使得电子保留了下来，中微子也开始大量出现，使今天我们宇宙万物的基本粒子全部成形。

　　幸而正反物质细微的数量差距，否则我们的宇宙就不会有物质产生，只有正反物质湮灭后产生的光子。不过此时宇宙中仍然充斥着之前正反物质湮灭产生的数量惊人的光子。由于正夸克和电子对反夸克和正电子的数量优势只有十亿分之一，意味着正反物质湮灭产生的光子数量分别是正夸克和电子的十亿倍，即一个正夸克保留下来的同时有十亿个光子诞生，一个电子保留下来的同时也有十亿个光子诞生，彼时的宇宙可谓一片光辉灿烂，与今天一片漆黑的宇宙真空可谓云泥之别。

　　原子核——创世大爆炸发生约三分钟后，随着宇宙的继续冷却，宇宙的温度降到大约十亿开尔文的量级，能量密度降到大约今天地球空气密度的水平。宇宙第一批原子核诞生了。少数质子和中子结合，组成氘和氦的原子核；剩余的多数质子形成了氢的原子核，这个过程又被称为太初核合成。最早的原子核中氢的丰度占比超过 70%，剩下主要是氦，还有极少量氘。此时我们的宇宙就是一个核反应堆，持续热核反应输出。

　　同时，创世暴涨的第三分钟也是宇宙的分水岭。大于 0.1 纳米的原子核的出现，标志着客观实在性的出现。之前的宇宙是量子宇宙，物质都是波粒二象性的，尺寸都小于 0.1 纳米；而尺寸 0.1 纳米以上的物质都具有客观实在性，要么是粒子，要么是波，接受相对论的支配，**宇宙进入波粒二象性和客观实**

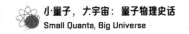

在性并存的时代。这也是我们生活的宇宙今天的模样。

重子—光子等离子流体——随着宇宙继续膨胀，温度降低，热核反应停止。但此时宇宙温度仍然很高，原子核无法束缚电子，导致电子和光子耦合在一起。**此时的原子与今天的原子大不相同，围绕原子核的不是电子，而是电子和光子，三者搅和在一起形成了重子—光子等离子流体**。因此与今天的氢、氦、氘都是气体不同，彼时氢、氦、氘还是等离子流体。整个宇宙又成了一锅重子—光子等离子流体的"浓汤"。

由于暗物质不与光子发生作用，暗物质集中流向重子—光子等离子流体的核中心，这导致重子—光子等离子流体内部陷入重子（原子核）和暗物质**向内**的引力坍缩和光子**向外**逃逸产生的压力的持续较量引发的"潮涨潮落"中，同时发出巨大声音。重子—光子等离子流体的宇宙实际是一圈圈反复膨胀收缩的圆环状的声波涟漪。因为光子的存在，这声波涟漪的声速接近光速的一半。

因为光子被电子"缠住"无法离开原子核，已经没有正反物质湮灭补充光子的重子—光子等离子流体宇宙灿烂不再，而是迅速陷入一片混沌。混沌黑暗又充斥着恐怖的巨响，重子—光子等离子流体宇宙可谓宇宙史上最"丑陋"或最可怕的时期。

但对重子—光子等离子流体宇宙的研究，却让我们能够验证宇宙热爆炸起源 Lambda-CDM 宇宙模型正确与否。

原子和光——宇宙继续膨胀到约 37.9 万光年，宇宙温度终于足够低到原子核能够束缚住电子，光子则得以摆脱电子和原子核的束缚逃逸出来开始自由穿越宇宙时空，形成了今天我们看到的宇宙微波背景辐射。宇宙终于变得清晰可见，重子—光子等离子流体蒸发，氢、氦、氘"恢复"气体真身，**原子也终于变成今天我们看到的模样，由原子核和电子构成。**

由于宇宙微波背景辐射的存在，让 37.9 万光年成为人类研究宇宙起源的一个分水岭。37.9 万光年之前的宇宙只有通过引力波天文台和粒子加速器去"瞎子摸象"，而 37.9 万光年之后的宇宙则可以"亲眼"看到。

宇宙背景辐射图像记录了重子—光子等离子流体的宇宙结束瞬间的模样。也给我们展示了今天宇宙星系成形的最初模样。

先来看看宇宙微波背景辐射图像。局部放大的图像中低温（深色）区域正是声波向外膨胀到极点的状态，圆环中心的物质密度很低；高温（浅色）区域正是声波向内收缩到极点的状态，圆环中心的物质密度很高。这些高温区域也是今天宇宙中星系团聚集的地方，较之低温区域，高温区域内的恒星和星系数量具有压倒性优势。

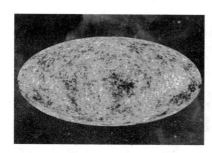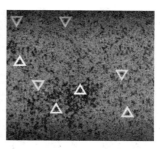

宇宙背景辐射（©CAASTRO/ 公版）

好像图像还不是很直观，需要再细说一下。我们已经知道被暴涨放大的时空随机量子涨落造就了今天宇宙的满天繁星。实际过程是这样的，时空的随机量子涨落让时空中部分区域能量物质密度微微高于平均水准，之后这些高密度能量物质的区域在引力作用下会聚集更多的能量物质，区域密度变得更高；待宇宙开始热核反应，这些高密度能量物质的区域自然成为氢、氦、氘原子核最密集的区域；之后宇宙进入重子—光子等离子流体时期，这些高密度能量物质的区域就成为重子—光子等离子流体声波涟漪圆环的中心（圆环中心的突出物），部分能量物质被光子逃逸的压力推了出去（圆环的边缘）。

重子—光子等离子流体声波涟漪圆环（©CAASTRO/ 公版）

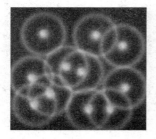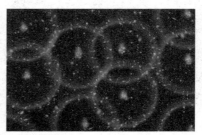

能量物质（氢、氦、氘原子核）高密度的圆环中心区域成为
今天宇宙时空中星系最集中的区域（©CAASTRO/ 公版）

　　这些重子—光子等离子流体声波涟漪圆环图片直接来自宇宙微波背景辐射图像。今天在计算机图像处理技术的帮助下，通过宇宙微波背景辐射图像甚至可以捕捉到宇宙重子—光子等离子流体时期最初的第一个圆环，这也是我们回溯宇宙的历史"亲眼"所见的极限。

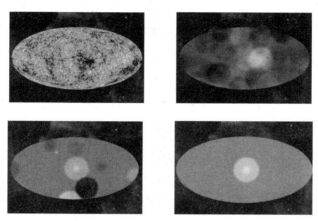

宇宙重子—光子等离子流体时期形成的圆环　（©CAASTRO/ 公版）

　　同时，这些重子—光子等离子流体声波涟漪圆环也包含了宇宙总能量构成的信息。重子—光子等离子流体时期的宇宙，各个高密度能量物质区域都有重子—光子等离子流体，以其为中心持续收缩和膨胀，形成大小不一的声波涟漪圆环。待宇宙温度降到光子能够自由运动，重子—光子等离子流体声波涟漪圆环蒸发的瞬间，一些圆环正好处于极端状态：声波涟漪正收缩于圆环中心，或声波涟漪正膨胀到圆环边缘，又或声波涟漪收缩到圆环中心正好还有能量再膨胀到边缘一次，又或声波涟漪膨胀到圆环边缘正好还能收缩回到圆环中心，甚至还可以一

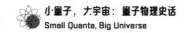

次（或多次）又从圆环中心膨胀到圆环边缘再收缩回到圆环中心。通过测量和计算这些声波涟漪收缩膨胀周期从递减到完全结束的过程，就可以得到暗能量、暗物质和普通物质的比例。

底层逻辑倒也简单。举个例子，从一定高度向地面释放一个弹力球（下图左），弹力球会落地反弹几次后停在地面。弹力球第一次落地时势能最大，反弹高度也最高；之后随着能量衰减反弹高度越来越低直到最后能量耗尽停留在地面。重子——光子等离子流体声波涟漪的收缩膨胀从递减到停止的规律与之类似。

于是，通过观察测量重子——光子等离子流体声波涟漪的收缩膨胀从递减到停止的过程，就能分析得到宇宙能量的构成。下图（右）中第一个也是最高的波峰代表重子——光子等离子流体时期最后一次声波涟漪向能量物质高度密集的圆环中心收缩的能量峰值，图中标示为温度的高低，温度越高能量越高。同时这个能量峰值也是宇宙总能量的峰值，即暗能量、暗物质和普通物质（重子）的总和，因为此时声波涟漪向圆环中心收缩不仅需要暗物质和重子的引力，还有"额外能量"来克服宇宙爆炸以来产生的光子逃逸的压力，实际就是逃逸压力的反作用力。

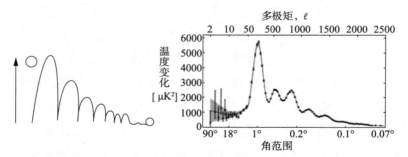

重子—光子等离子流体声波涟漪的收缩膨胀从递减到停止的过程
（©CAASTRO/ 公版）

之后重子—光子等离子流体时期结束，前面说过结束的瞬间一些圆环正好处于极端状态，比如声波涟漪膨胀到圆环边缘正好还能收缩回到圆环中心，甚至还可以一次（或多次）又从圆环中心膨胀到圆环边缘再收缩回到圆环中心。但问题是重子—光子等离子流体时期结束后，将声波涟漪推离圆环中心的光子一旦离开就不再回来了，**此时声波涟漪能够再度向圆环中心收缩的话就只因为暗物质和重子的引力。因此**下图中第二个波峰就是重子—光子等离子流体时期结束后仅有暗物质和重子引力作用时能量的峰值（圆环区域的温度），结果很明显，较之第一个波峰大跌约三分之二，意味着暗物质和重子大约只占宇宙能量的三分之一。

而在暗物质和重子的引力中暗物质贡献占比更高，因为暗物质的质量远大于重子，可谓"超重子"，暗物质温度也更低，这也是暗物质又别名冷暗物质的由来。结果有些出人意料，第三个波峰较之第二个波峰几乎没有区别，这意味着暗物质和重子的引力贡献中来自重子的引力比我们的预测值还要小。实际上构成普通可见物质的重子只及暗物质的约六分之一。

宇宙总能量中暗能量高达约 70%，暗物质又占去约 25%，普通物质（重子）仅不足 5% 的数据就是这么观察测算得来的。

之后宇宙发生的故事就耳熟能详了。宇宙中最初形成的重子氢、氦和氘等气体物质开始在自身引力和暗物质引力作用下坍塌，日积月累，约在创世爆炸后一亿年，形成了宇宙第一批恒星和行星（可能）。恒星本质还是热核反应堆，产生死亡时会发生爆炸，今天宇宙的 92 种元素中的大部分，包括对生命至关重要的碳元素，都是通过恒星这个热核反应堆的核聚变产生的。

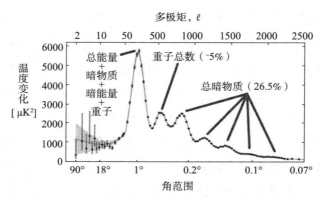

宇宙总能量中暗能量高达约 70%，暗物质又占去约 25%，
普通物质（重子）仅不足 5%（©CAASTRO/ 公版）

　　早期宇宙的第一批恒星是没有重元素成分的，她们通常体积巨大，存在时间极短，几百万内就爆炸消失。但她们是我们宇宙的重元素之母，随着她们死亡爆炸，在核聚变中产生的各种重元素，与她们的残骸一道向宇宙中抛出，在这些尘埃和气体中新形成的恒星和之后形成的行星才是我们今天熟悉的模样。

　　多数早期巨大的恒星死亡后会成为巨型黑洞，这些黑洞强大的引力使其能够聚集起周围的恒星和恒星系构成星系。估计宇宙第一批星系诞生于约创世爆炸后的五亿年。

　　时间又过去了几十亿年，大约在创世爆炸后 40 亿年，距今约 100 亿年前，宇宙不起眼的一隅，一个新的星系开始形成。这个星系只是浩瀚宇宙的千亿星系中的普通一员，今天我们人类称之为银河系。大约在创世爆炸后 90 亿年，距今约 50 亿年前，在银河系边缘一个不起眼的地方，一颗新的恒星诞生，这颗恒星也只是银河系内千亿颗恒星中的普通一员，但却是我们人类以及地球上所有生物的生命能量之源，今天我们人类称之为太阳。而地球就是围绕太阳旋转的一颗岩石行星。大约在创世爆炸后 100 亿年，距今约 40 亿年前，地球上诞生了神奇的生命，并最终进化出了具有自主意识的智慧生物人类。

这就是基于 Lambda-CDM 宇宙模型的宇宙起源史的大致内容，也是迄今为止现代物理学对我们生活的宇宙最科学权威的认知。但距离"我是谁？来自哪里？去往哪里？"的终极答案还有相当长的路要走。Lambda-CDM 宇宙模型对我们生活的宇宙时空和其间物质的诞生、演化过程已经有了一个比较清晰的认识，但对宇宙时空的本质，时空诞生之前的情况，可观察宇宙半径之外的情况还几乎一无所知。通俗地说，就是大致回答了"我们从哪儿来"，但对"我们是谁，去往哪里"还一知半解。

但人类找到"我是谁？来自哪里？去往哪里？"的终极答案应该只是时间问题。人类文明史不到一万年，现代物理学才三百余年历史，但今天的人类已经开始揭示宇宙的奥秘，窥视宇宙初生的模样。

还记得手机被黑洞照片刷屏的日子吗？实际黑洞照片见证的不只是黑洞，还是人类史上第一次亲眼见证停滞的时间。因为黑洞积吸盘内物体的空间运动速度被引力加速到接近光速，意味着这些物体的时间相对我们地球观察者来说几乎静止。

人类第一次证实广义相对论预言的时间流速与时空曲率成反比是在公元 1976 年，当年美国航天局 NASA 发射了引力探测器 A，其探测的数据证实了时间流速随着时空曲率的增加而变慢。半个世纪后的公元 2017 年，人类就已经利用 LIGO 直接观

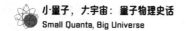
察到了引力波，两年后的公元 2019 年又通过 EHT "亲眼"看见了停滞的时间，此时距离爱因斯坦提出相对论才刚过去一百年。

而早在公元 2013 年，人类通过 LHC 已经成功发现"上帝粒子"希格斯粒子，距离希格斯场理论提出仅半个世纪，距离量子力学开山之作的海森堡矩阵和薛定谔方程，量子场论前身的狄拉克方程的出现也不到一百年。更早的公元 2009 年，人类还通过普朗克巡天者直接拍摄到了宇宙初生仅仅几分钟，尺寸只有 37.9 万光年的"婴儿照"。面对浩瀚宇宙，在感叹人类渺小的同时，也不得不赞叹一番人类科学进步的伟大。

今天量子力学新的道路已经出现，重新认识引力，给出弱引力理论是量子力学下一个目标。规范对称性就是一个突破口。当年为了消融牛顿力学与光速不变的矛盾而人为"拼凑"的洛伦兹变化最后竟引出了相对论，将人类对宇宙的认知提升了一个维度；而为了让量子场论与光子是横波的事实相符，人为塞进场论的规范对称性又会引出怎样的跨时代的量子力学新理论，让人类距离宇宙的真相更进一步，相信答案很快就会到来。

注　释

注释 0：要真正理解量子理论，首先对现代物理学的早期理论必须有大致了解，特别是相对论。之所以很多读者觉得量子理论难以理解，除了量子理论自身的复杂性和颠覆性，不清楚量子理论诞生的来龙去脉也是重要原因。对牛顿力学和相对论熟悉的读者可以直接从章节 5 开始。

注释 1：今天的我们知道，除了引力以及原子内部的强力和弱力，实际宇宙万物之间所有相互作用力在微观层面看来都是依赖于电磁场的电磁力。比如常见的摩擦力、压力、张力、化学燃料产生的动力等，本质都是原子和电子层面电磁力效应的宏观表现。电磁力本质就是身处电磁场海洋中的物体在微观层面交换光子和虚光子。

注释 2：最初发现光速有限的不是麦克斯韦，而是与牛顿同时代的丹麦科学家奥莱·罗摩。当牛顿公开引力定理后，许多科学家都选择通过跟踪记录已发现的木星卫星绕木星公转的运动周期来验证引力定理。结果一致发现通过望远镜观察到的木星卫星公转周期始终与由引力定理计算出来的理论值相差 8 分钟。当木星接近地球时，快 8 分钟；木星远离地球时，慢 8

分钟。奥莱·罗摩第一个指出这正是光速有限的证据，8 分钟是木星卫星的光传递到地球的时间。可惜奥莱·罗摩的观点彼时并没有得到足够的重视。

光速在真空中传播的速度，即所谓标准光速 =299792.458 千米 / 秒（约 30 万千米 / 秒），这也是光速最大值。光速在空气中传播速度与真空中传播速度几乎一样，因为光在空气和真空中都是直线传播。但水和玻璃等介质会让空气和真空中直线传播的光发生折射和偏转，走更长的距离，因此光速在其他介质中传播速度远小于在真空和空气中的传播速度。水中的光速仅为真空中光速的 3/4，而玻璃中的光速仅为真空中光速的 2/3。本书中提及的光速，若无特殊说明，皆指标准光速 299792.458 千米 / 秒。

但在凝聚态物理实验中，质量为 0 的光子进入超导体后，光子（横波）会获得质量（获得纵波）从而减速，导致出现真空中运动速度小于标准光速的罕见现象。

注释 3：将物体在四维时空中运动合速度约 30 万千米 / 秒称为光速只是一种习惯性说法。因为人类是在测量真空中光的传播速度时首先发现这个合速度，因此命名为光速。实际上不是物体在四维时空中运动合速度约 30 万千米 / 秒正好等于光速，而是光子作为四维时空中的一种物质，其在四维时空中运动合速度也不例外等于约 30 万千米 / 秒。由于光子时间维度速度为 0，光子的空间运动速度即在真空中的传播速度直接等于约 30 万千米 / 秒。

注释 4：可能有读者觉得没有因果机制的世界更好。老人可以重返青春，青年学生还没有参加考试就已经被大学录取。

实际大家心里期盼的并不是没有因果机制的世界，只是单纯追求随心所欲。因为真正缺失因果机制的世界并不会遂人愿，老人不一定恰到好处重返青葱岁月，也可能化为一枚受精卵。还未参加考试就已经被大学录取的青年学生也可能还未洞房花烛，已经与另一半携手白头。我们甚至得时刻提心吊胆地球会不会在下一秒跳回冰河时代，或太阳退化为尘埃，甚至宇宙重回奇点，万物统统复归虚空。

注释 5：这里从大家更熟悉的日常视角再解释一遍光速不变。日常生活中，如果你和 A 先生各开一台跑车在高速公路上飙车，假设彼此速度正好各达 300 千米 / 时，此时对你和 A 先生而言，彼此相对速度为 0，处于相对静止状态。你向车窗外望去，会发现 A 先生的跑车和你的一直并驾齐驱。但对旁观者而言，比如停在应急道的一辆查处超速的交警警车，相对速度是 300 千米 / 时，车里的警察看见的是两台呼啸而过的跑车远去的背影，并且迅速消失在视野中。

假设一股神秘的力量突然出现，让你的跑车瞬间加速到光速。当然这是为举例说明的方便，实际质量物体的速度只能无限接近光速比如 99.99999999999……% 光速。

由于每个物体相对自己静止，因此坐在以光速飞驰的跑车里的你和之前 300 千米时速跑车里的你时间流速没有变化。但你向车窗外望去，看到的景象是车外整个世界时间停止了流逝。因为跑车速度已经达到光速，车外世界的光再也追不上你的跑车，车外世界的时间冻结在了你的跑车加速到光速前那瞬间。**此时你的跑车速度相对 A 先生的跑车和警车都是 30 万千米 / 秒。因为你眼里 A 先生的跑车和警车都是（时间）静止的，**

即使 A 先生的跑车正以 300 千米的时速在飞驰，而警车静静停在路边。

通俗地说，狭义相对论框架下一个有质量的物体空间速度为 0（也就是我们日常所说静止不动）和这个物体空间速度达到光速，在旁观者看来该物体都是静止的。**或者说，一个有质量物体的空间静止状态和时间静止状态对旁观者而言没有区别。**

当然，严格地说区别还是有的。如果观察时间足够久，空间静止状态的物体会腐朽，人会衰老，毛发也会生长或脱落；而时间静止状态的物体或人虽然不会腐朽和衰老，但物体或人形状尺寸会出现变化，并发出淡淡的红光。因为物体空间运动速度到达（接近）光速后，受到洛伦兹变换效应影响，物体大小会收缩，较之空间静止状态时会显得更矮小一些；同时因为光波的多普勒效应，会发生红移现象而产生红色光晕。

在 A 先生和交警的眼里，达到光速的你和你的跑车的时间也停止了流动。因为空间运动速度达到光速的物体近似黑洞一样的存在，进入光速之后你和你的跑车发出的光已经无法逃逸出来，你和你的跑车进入光速前那一瞬间成为你和你的跑车在世界上留下的最后的也是永恒的身影，黑洞视界面般的存在。所以 A 先生和交警会看到你和你的跑车的时间突然静止了，然后你的跑车轮廓开始略微收缩变形并渐渐泛起红光。

注释 6：只需要一个灵敏的电子秤就可以证实质量和能量是同一事物的两面。找一个充满电的大功率蓄电池，然后将蓄电池放在电子秤上称其质量。待蓄电池使用后电量所剩无几时，再将蓄电池放回电子秤称重，因为使用后的蓄电池电能被消耗了，就会发现蓄电池质量较使用前变轻了。

注释7：广义相对论的时空弯曲还解释清楚了牛顿引力说的另一个矛盾之处。就像一辆高速公路上飞驰的汽车，汽车内的人直观感受是汽车是静止的，高速公路和路边景色正向汽车迎面飞速"驶来"。而车外的旁观者见到的是高速公路和路边景色都是静止的，是汽车在高速前行。同理，我们在地球上看到的是"引力"，苹果掉落地面，或者更明显的物理现象，一颗流星穿越地球大气层，撞击地球表面，而从苹果和流星的视角出发，是地球表面在"膨胀"，向苹果和流星撞来。

既然地球表面在膨胀，毕竟从苹果和流星的视角出发观察的结果也是客观事实，为什么地球没有在几十亿年的表面膨胀中四分五裂？实际上地球大小几十亿年几乎没有变化，是因为时空弯曲。地球质量引发的时空弯曲导致地球四周时空收缩扭曲，地球表面的膨胀和地球周围时空收缩这两种影响互相抵消了。

注释8：俗称黑洞虽然形象，但也容易让人误会黑洞是一个"物体"，实际黑洞是一个"事件"。物体（客观存在）和事件在物理上是两个不同的概念，一个人的人体结构是客观存在，这个人的生老病死（人体结构的成长和消亡）是事件。同理，恒星物质构造是客观存在，恒星的"生老病死"是事件。黑洞是恒星死亡的一种形式，一个事件，或者说是恒星"生老病死"一系列事件的终结。在这个恒星的终点，周围的时空被密度近似无限大的恒星残骸极度扭曲，时空"扭麻花"的速度高达光速，以至于光都无法从这个"时空麻花"中逃逸出来，远处看上去像一个黑洞。

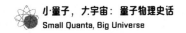

物理学对客观存在和事件坚决加以区别并不仅是出于严谨，而是描述客观存在和事件的物理方程有本质不同。描述事件的物理方程离不开时间 T，而时间 T 对描述客观存在的物理方程没有意义。

注释 9：波具有多普勒效应，即波在波源移向观察者时接收频率变高，而在波源远离观察者时接收频率变低。因为我们人类肉眼可见的高频率光谱集中于蓝色波段，肉眼可见的低频率光谱集中于红色波段。所以光波的光源移向观察者时会发生蓝移，光源远离观察者时会发生红移。

光是波还是粒子的争论是指单个光子而言，宏观上光是以波的形式在传播。与声音的传播，宏观上是声波，微观上是一堆空气分子在振荡是一个道理。因此，认为单个光子是粒子的爱因斯坦的相对论与认为光是电磁波的麦克斯韦的电磁理论相互兼容。不仅爱因斯坦的狭义相对论允许光发生多普勒效应，而且光在路过黑洞等超大质量天体时发生红移也是间接证明之后广义相对论的证据之一。广义相对论认为黑洞等超大质量天体会让时空产生明显的弯曲，那么光路过弯曲时空时会较沿平直时空传播时多走段路程，在旁观者看来光发生了红移。

注释 10：公元 2000 年至 2001 年间，以毫米波段气球观天计划为代表的多个实验利用宇宙微波背景辐射在微观尺度上的温度涨落（十万分之一 K 的温差）进行了三角测量，发现我们宇宙的空间曲率几乎等于 0，表明我们的宇宙整体上是平直的、无限的。

注释 11:夸克直译为"奇异子"，因为夸克是唯一携带非整数电荷的粒子。

人们把最小电荷叫作元电荷，也是物理学的基本常数之一，用符号 e 表示。基本电荷 e=1.602176565（35）×10^{-19} 库仑（通常取 e=1.6×10^{-19}C）。任何带电体所带电荷都是 e 的整数倍或者等于 e。

电子携带 1 个负元电荷，质子携带 1 个正元电荷。而夸克携带电荷为正负 1/3 或 2/3，正是夸克的不同组合方式，比如 $-1/3-1/3+2/3=0$ 构成了不带电荷的中子，或 $-1/3+2/3+2/3=1$ 构成了质子。但因为"夸克禁闭"，夸克只存在于质子或中子内部，所以不违反电荷为整数的原则。

注释 12：今天我们知道玻尔只说对了一半，一个波粒二象性的基本粒子其波形态和粒子形态之间不存在时间上的演变因果作用律（量子延迟实验），但某些条件下的确存在一个内部演变机制（量子纠缠态实验）。

注释 13：索尔维会议是由比利时实业家欧内斯特·索尔维发起资助的旨在促进物理和化学领域学术成就交流的研讨会。每三年在比利时的首都布鲁塞尔举办一次。最初只是欧洲物理学和化学界一小众精英学者的聚会，公元 1927 年因玻尔和爱因斯坦的"世纪争吵"成功出圈，在媒体大肆报道下进入大众视野。

注释 14：出于通俗易懂的考虑，文中对贝尔思想实验的说明进行了相当程度的简化。实际贝尔的思想实验结果不一定是离散的，也可以定义为一个连续函数。阿兰的实验更是从 7 个角动量分量（轴心朝向方向）对自旋进行了测量，最终结果不是示例中提到的 33.3% 对 40%，而是约 49% 对 55%。**但**

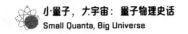

不变的是同时观察到 a1 和 a2 都是上自旋或都是下自旋的概率，"哥本哈根诠释"明显低于 EPR 悖论。

注释 15：在量子场理论下，真空不再仅指没有任何物体存在，而是能量（场）的最低态。但这个最低态却不等于 0 能量，真空中最低态能量会发生随机的量子涨落。

由于量子不确定性效应，真空中物体等于 0，能量就有可能不为 0，而是介于 0 能量和能量不为 0 的随机量子级别的能量涨落中，这种能量的最低态被称为"零点能"。

之前有观点认为这种随机涨落"无中生有"的零点能是取之不尽用之不竭的能源，可惜这个观点是错误的，零点能无法取出。但所有在真空中运动的粒子都会受到零点能量子涨落的扰动而出现摆动，被称为"零点效应"。

例如在电磁场真空中运动的一个电子就会出现摆动，在自身周围形成一小团"量子晕"，电子与光子之间的电磁力作用，其实是电子"量子晕"与光子的"量子晕"在相互作用。原子核内部的夸克和胶子能量比电子和光子高许多，不会受到电子"量子晕"和光子"量子晕"的影响。但夸克会受到胶子的"量子晕"影响，反之亦然。

注释 16：费曼之外，美国物理学家施温格和日本物理学家朝永振一郎等也提出了各自的重整化思路和模型。所谓"重整化"，实际就是一种数学技巧，如果方程中出现计算结果无限大的发散项，可以通过引入一些抵消项以减除发散项，确保方程计算结果有限。

举个例子，比如一个传播中的电子，在高能模式下必须考虑传播过程中电子会不停吸收和释放虚光子。我们可以写出电子不停吸收和释放虚光子的过程中质量（能量）变化的场方程式，但结果是发散的。不过实际上电子质量我们是知道的，这样就能找出质量（能量）变化的场方程式中导致结果发散的没有意义的部分，这部分就是电子质量的抵消项。将电子质量的抵消项代入其他 QED 的计算中，与电子质量相关的发散项就会被消除。

实操中根据不同对象，比如维度、电荷、质量需要选择不同的重整化模式。

注释 17：基本粒子运动法则之一，一个带电粒子在运动中发生方向改变，就会释放出一个光子。

注释 18：夸克不可再分，如果我们想看到夸克内部，用高能量射线轰击夸克只会得到黑洞。这个黑洞很小，比基本粒子还小，瞬间就会蒸发。也可以认为我们直接蒸发了夸克。较之原子，夸克才够格构成宇宙万物肉眼不可见的不可分的微粒，古希腊人口中那个"理想的原子"。

电子也是不可再分的，虽然有物理学家声称电子可以再分，分为空穴子、轨道子、自旋子。从名字就知道所谓电子再分等于将电子性质分为三种，但电子还是一个整体。和基本粒子波粒二象性一个道理，维持基本粒子概率波形态或让基本粒子波函数坍塌成为一个粒子不等于基本粒子被一分为二了。

中微子是否不可再分，还有待进一步验证。因为现阶段技术手段能发现中微子就已经是奇迹了，更别说窥视中微子能不能再分。但从中微子只参与弱力特性推测，极大概率中微子是不可再分的。只参与弱力的中微子与只参与弱力和电磁力的电子又统称为轻子，由夸克和胶子构成，质量主要来源于强力能

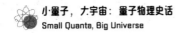

量的质子、中子、介子等，则统称为强子。

注释 19：暗物质字面意思为看不见的物质，因为不参与电磁力作用所以无法被直接观察到。暗物质也不参与强力作用，暗物质的运动速度远低于光速，所以别名又为**"冷暗物质"**。

但有质量的物质会让时空弯曲，通过测量引力能够间接观察到暗物质的存在。荷兰天文学家凯特勒·卡普坦最早于公元 1922 年提出暗物质假说。但到公元 1980 年，美国天文学家维拉·鲁宾才找到暗物质存在的确凿证据。鲁宾观察了大约 100 个河外星系中的恒星，特别是远离星系中心区域的外围恒星围绕星系中心公转的速度和距离星系中心的关系。发现这些恒星的公转速度都大于牛顿万有引力定律的预测值，合理的解释是有看不见的物质在提供额外的引力，这就有力地支持了暗物质假说。

今天我们仍不清楚暗物质的真面目，猜测可能是有质量的弱相互作用粒子（WIMP）或惰性中微子，属于标准粒子模型表中轻子一族。单个暗物质粒子虽然是轻子，但数量庞大，大约是可见的普通物质的 5 倍。换句话说，宇宙大部分引力贡献实际来自暗物质。

注释 20：当然也可以用人择原理来解释。所谓人择原理，由英国天体物理学家布兰登·卡特于公元 1973 年在哥白尼诞辰五百周年时最早提出。通俗地说，有人类存在的宇宙必须满足这些条件，否则就不会有人类这样的智慧生命出现来认识研究宇宙了。人择原理颇有天地造化使然的意思，虽然逻辑自洽却有违现代科学刨根问底凡事必究"为什么"的精神，因此遭到多数科学家的反对。

注释 21：宇宙年龄约 137 亿年，由于四维时空的真空中光速不变，是一个定值，按理说我们人类只能观察到 137 亿光年的宇宙。但宇宙在膨胀，受益于宇宙膨胀实际我们能看到的最遥远的星系距离地球约 460 亿光年，观察范围达直径约为 930 亿光年的球体。注意，这里的球体不是宇宙自身的形状，只是我们能够看到的范围。

注释 22：实际相对论对时空的认知要复杂得多。相对论认为时空一体，因此空间和时间两者具有相同性质。比如空间会被有质量的物体扭曲，那么时间也会被有质量的物体扭曲。这个简单易懂，在超大质量的黑洞附近，时间就会因为距离黑洞的远近，而出现明显的快慢变化。

速度不同的运动者在空间里穿越，由于穿越时空合速度等于光速，因此空间运动越快者，他的时间就会变得更慢，反之亦然。这个也不难理解吧。

一般相对论的科普就到此为止了，实际还有后话。空间是定域性和客观实在的。那么时间也应该有定域性和客观实在的一面。

在空间中任意两点间穿行，需要物体自己运动过去。比如你从成都到上海，得自己坐高铁或飞机，甚至步行过去，成都不会自动靠近上海。空间存在也不依赖主观意识，你在成都计划前往上海，虽然你人不在上海，你也知道上海这个城市是存在的，坐落在哪里。

同理，时间中任意两点间穿行，是你从现在运动到了未来，而不是时间把现在的你带到了未来。时间存在也不依赖主观意识，时间的过去、现在和未来每个时间点，每个时间片段早就在那里等着你了。就像你从成都到上海，不是你抵达上海后，上海才从无到有出现，上海早在黄浦江边耸立了几百年。时间也是如此，不是你"奔跑"到未来，比如明天，明天才会出现。明天的时间片段早在前方，等着你光临。后天、大后天、一周、一月、一年、几十年、生命终点，这些时间片段也都在前面等着你，只是你还没有"跑到"，而不是还没有出现。

过去也会一直存在，就像你从成都去了上海，成都不会因为你的离开就消失。即便你从此一直在上海生活再也没有回成都，成都依然还在那里。同理，我们时空旅行即使永远回不到过去，过去也不会消失，永远存在时空中。

这才是相对论关于时空一体的核心本质，并带来一系列挑战我们日常生活经验的问题。最严重的是时间的客观存在。既然过去、现在、未来的时间片段早就存在，那我们宇宙万物的自然演化，我们人类的主观意识岂不都是幻觉？！宇宙结局，个人命运的剧本早就写好在时间里，我们其实只是一群提线木偶，按剧本行动而已。就像漫画里的人物，"他们"以为自己在决定、在行动，自己在推动故事发展，其实都是漫画故事里已经画好的情节，结局也早在漫画的最后一页。

注释 23：说个题外话，热力学的熵定律不仅是解开时间之谜的关键，甚至还可用于解开宇宙时空的空间曲率之谜。

早在 1904 年，法国数学家亨利·庞加莱就提出了一个拓扑学的猜想，即世纪难题的庞加莱猜想："任何一个单连通的，封闭的三维流形一定同胚于一个三维的球面。"

通俗点说，就是一条在四维空间表面绕行的绳子如果能完全收回，这个四维空间表面就是球形。和当年麦哲伦环球航行回到起点，证明地球是圆的道理类似。

在没有进入太空之前，人类无法直接观察到地球是圆的。虽然当时社会舆论大都宣称麦哲伦的环球航行证明了地球是球体，但事实是在科学层面，这样的说法是不准确的。因为地球即使不是球体，比如是甜甜圈形状，麦哲伦航行也可能回到出发点。最初庞加莱的出发点也是从数学逻辑上严谨证明麦哲伦环球航行与地球是圆的关系一定成立，最终给出庞加莱猜想。之后对庞加莱猜想的求证演变成了对宇宙流形形状的探索。

众多数学精英对庞加莱猜想发起了挑战。但宇宙流形的构造复杂，在拓扑证明过程中始终无法克服出现"绳子"打结的难题。人们想尽一切办法，包括从假设的高维空间开始"倒推"来求证。美国数学家史蒂芬·斯梅尔首先意识到三维空间实际不相交的过山车轨道，其地面的二维阴影却纠缠在一起，于是决定先从高维空间来证明庞加莱猜想，结果到四维"绳子"就开始打结败下阵来。

直到俄罗斯数学天才格里戈里·佩雷尔曼打破常规的创造性思维，才终于找到了证明庞加莱猜想的途径。格里戈里之前的数学家在求证过程中，不知不觉陷入两个误区。一是潜意识认为宇宙流形就是球体，从未想过"绳子"收不回来意味着宇宙流形并非球体的可能。最新研究表明，我们的宇宙在大尺度上是平坦的。二是彻底陷入拓扑学范畴不能自拔。因为庞加莱猜想在探讨宇宙流形的形状，理所当然是拓扑学的范畴。

拓扑学是研究空间宏观性质的几何学，不考虑空间细节。就像地球，在拓扑学就是一个光滑的二维球面，地球表面的山脉、河流等凹凸不平的细节都不在考虑之列。拓扑几何唯一看

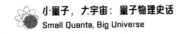

重的是孔洞，因为孔洞会在宏观尺度上影响整个空间的曲率。0 孔洞的空间曲率为 1，1 个孔洞的空间曲率为 0，2 个孔洞的空间曲率为 -1。然而，讽刺的是格里戈里正是跳出了拓扑学的藩篱才成功求证了庞加莱猜想。

里奇曲率张量是拓扑学的经典公式之一，也是求证庞加莱猜想时多次涉及的公式。该公式表明初始的改变会导致不规则的空间逐渐自发形成规则空间。

$$\rho(X) = \frac{Ric(X,X)}{|X|^2}$$

格里戈里注意到这个公式和热力学公式有异曲同工之妙。在一个孤立的空间，热量可以自发地从较热的区域传递到较冷的区域，最终空间内热能达到均匀。格里戈里通过计算空间热力的方式绕过了"绳子"打结难题，证明了庞加莱猜想在数学上是成立的。

注释 24：还有一个说法，宇宙本体是无边无际的高能量海洋。随着某处随机出现希格斯场，引发局部大暴涨，于是我们生活的宇宙诞生了。根本没有大爆炸，暴涨才是我们生活的宇宙的起点。或者说暴涨就是大爆炸。

注释 25：2022 年 4 月《科学》刊登了一篇来自美国费米实验室的研究论文，宣布近十年来对撞机 Tevatron 相关数据统计分析的结果表明，W 玻色子的质量远大于标准粒子模型的预测值。这意味着 W 玻色子极有可能拥有新的质量来源，一种未被发现的新的粒子。原 W 玻色子理论的重整化有误，将新的粒子当作多余的辐射能量给剔除了。**这未知的新粒子很可能正是标准粒子模型缺失的暗物质粒子。**

从普朗克常数到量子场论：

① 有三个实验验证了哥本哈根诠释，分别是量子延迟选择和量子擦除实验，及 2022 年诺贝尔物理学奖得主阿兰的纠缠量子验证量子不遵循贝尔不等式（EPR 悖论）。
② 卡西米尔力的存在验证了量子场论关于真空中量子会随机自发能量涨落的预言。

量子场论的逐步完善和曝露的缺陷（与相对论的融合）：

③这里仅列举了最重要的对称性，对称性的背后遵循的是诺特定理，详论是研究对称性的首选数学工具。

④宇称不守恒得到了吴健雄主持的钴60镜像实验的验证，理论开创者李政道和杨振宁也因此获得了诺贝尔奖。

⑤暴涨理论得到了红外巡天计划，COBE、WMAP和普朗克巡天者观测数据的验证。

⑥超弦理论和bulk宇宙理论被引力波天文台（LIGO）的观测数据否定。

⑦希格斯粒子已经被大型强子对撞机LHC找到。

暴涨理论⑤ Lambda-COM

未知理论 ?

暗物质 暗能量

引力

暴涨子（希格斯粒子）

标准粒子模型

膜（bulk）宇宙⑥

宇宙大爆炸理论

宇宙的起源

弱力（W/Z玻色子）

强力（夸克和胶子）

希格斯粒子⑦（上帝粒子）

引力子？

动态（热）宇宙模型

静态宇宙模型

量子弱电动力学

量子色电动力学

费米子（物质）玻色子

宇称不守恒④

杨-米尔斯场（传递力）

希格斯场（规范对称性破缺）

量子化引力场？

广义相对论

量子场论 QED

狭义相对论

规范对称性

麦克斯韦电磁场（量子化）

旋转对称性③

规范对称性③

超弦理论

弦理论

参考文献

［1］［美］阿尔伯特·爱因斯坦.相对论［M］.张倩绮,译.西安:陕西师范大学出版社,2020.

［2］［英］保罗·戴维斯,朱利安·布朗.原子中的幽灵［M］.易心洁,译.洪定国,译校.长沙:湖南科学技术出版社,2018.

［3］［美］布赖恩·格林.宇宙的琴弦［M］.李泳,译.长沙:湖南科学技术出版社,2003.

［4］［美］布赖恩·格林.宇宙的结构［M］.胡茗引,译.长沙:湖南科学技术出版社,2015.

［5］［英］B.K.里德雷.时间、空间和万物［M］.李泳,译.长沙:湖南科学技术出版社,2018.

［6］［日］大栗博司.强力与弱力［M］.逸宁,译.北京:人民邮电出版社,2016.

［7］［日］大栗博司.超弦理论［M］.逸宁,译.北京:人民邮电出版社,2017.

［8］［美］基普·S.索恩.黑洞与时间弯曲［M］.李泳,译.长沙:湖南科学技术出版社,1999.

［9］［美］理查德·费曼. QED 光和物质的奇妙理论
［M］. 张钟静，译. 长沙：湖南科学技术出版社，2019.

［10］［美］费曼，莱顿，桑兹. 费曼物理学讲义：新千年
版［M］. 郑永令，华宏鸣，吴子仪，等译. 上海：上海科学
技术出版社，2020

［11］［美］斯蒂芬·温伯格. 亚原子粒子的发现［M］. 杨
建邺，肖明，译. 长沙：湖南科学技术出版社，2018.

［12］［美］斯蒂芬·温伯格. 量子力学讲义［M］. 张礼，
张璟，译. 合肥：中国科学技术大学出版社，2021.

［13］［美］斯蒂芬·温伯格. 终极理论之梦［M］. 李泳，
译. 长沙：湖南科学技术出版社，2018.

［14］［美］肖恩·卡罗尔. 寻找希格斯粒子［M］. 王文
浩，译. 长沙：湖南科学技术出版社，2018.

［15］［美］约翰·D. 巴罗. 宇宙之书［M］. 李剑龙，译.
北京：人民邮电出版社，2013.

本书最后一章"我们的宇宙来自哪里"中宇宙起源相关图
片全部来自 CAASTRO(天体物理中心)；书中其他章节没有
标明出处的图片和图示为作者自绘。